KB274498

다윈과 맞장 뜬 동물들의 따끔한 일침!
진화에 정답이 어딨어?

지은이 외르크 치틀라우 그린이 루시아 오비 옮긴이 박규호

초판 1쇄 발행 2010년 3월 15일 4쇄 발행 2011년 3월 2일

펴낸곳 뜨인돌출판사 펴낸이 고영은
총괄상무 김완중 기획편집팀 이준희 이재두 이혜재 콘텐츠기획팀 이진규
마케팅팀 이학수 오상욱 엄경자 진영수 총무팀 김용만 고은정

본문디자인 봄 필름출력 스크린 인쇄 예림 제책 바다

신고번호 제 313-1997-156호 신고년월일 1994년 10월 11일
주소 121-840 서울시 마포구 서교동 396-46
대표전화 (02)337-5252 팩스 (02)337-5868
뜨인돌홈페이지 www.ddstone.com 뜨인돌블로그 blog.naver.com/ddstone1994

책값은 뒤표지에 있습니다. ISBN 978-89-5807-278-2 03470

이 도서의 국립중앙도서관 출판시도서목록(CIP)은 e-CIP 홈페이지(http://www.nl.go.kr/ecip)에서
이용하실 수 있습니다. (CIP제어번호 : CIP2010000799)

진화에 정답이 어딨어?

warum affen
für die liebe zahlen

외르크 치틀라우 지음 박규호 옮김

뜨인돌

다윈을 헛기침하게 한 '불온한' 이야기들

자연의 설계도에 나타난 실수와 사고들에 관한 첫 번째 책 『다윈, 당신 실수한 거야!』가 나온 이래로 우리는 어째서 물개는 파란색을 보지 못하고 엘크는 왜 음주벽이 있는지 알고 있다.

이 책이 베스트셀러가 되자 많은 사람들이 동물의 세계에 감추어진 또 다른 문제점들에도 관심을 갖게 되었다. 바보가 되도록 잠만 처자는 땅다람쥐, 도망가는 법을 잊어버린 도마뱀, 본능적으로 엉뚱한 방향으로 날아가는 새들은 도대체 왜 그렇게 행동하게 된 걸까? 새롭게 발견된 진기한 현상들이 너무 많아서 두 권의 책에 다 담기에는 지면이 턱없이 부족하다. 그런 까닭에 우리도 진화와 마찬가지로 엄격한 선택과정을 피할 수 없다. 이렇게 방대한 자료가 얻어진 데에는 대체로 두 가지 원인을 꼽을 수 있다. 저자가 그 사이 진화의 사랑스런 실수와 사고에 대책 없이 매료된 것이 그 첫 번째 원인이며, 자연 자체가 완벽함과는 거리가 먼 방식으로 이루어진 탓에 도처에서 그런 흥미로운 부족함을 노출하고 있는 것이 두 번째다.

그럼에도 불구하고 아직도 많은 사람들은 이 땅에 살아가는 생명체들을 무언가 '결핍된 존재'로 보기를 꺼린다. 이는 아마도 그들이 이제까지 배운 내용과 어긋나기 때문일 것이다. 예전에 학교에서 배운 진화의 도표를 떠올려 보라. 거기에는 모든 생명체들이 오직 한 방향, '위'를 향해서만 발전한다. 단세포생물이나 무척추동물 같은 원시생명체는 맨 아래쪽에 오글오글 모여 있고, 어류 양서류 파충류 같은 변온동물은 중간에, 체내에 따뜻한 피가 흐르는 조류와 포유류는 가장 위쪽에 위치한다. 그중에서도 제일 꼭대기에는 영장류가 있고 인간이 있다. 인간은 비록 창조의 으뜸까지는 아니더라도 당당히 진화의 최정상을 차지한다.

'저등한' 동물들을 더 복잡한 생명체로 이행하는 과도기로 보는 이런 식의 기술은 우리를 잘못된 방향으로 이끈다. 예를 들어 어류를 단지 호모 사피엔스가 형성되는 초기 단계에 불과하다고 단정 짓는 선입견 따위가 그렇다. 오늘날에도 엄연히 어류가 존재하는데도 말이다. 어류는 그 종류가 전체 척추동물의 절반을 넘는, 무려 3만여 종에 이르는 거대한 집단이다. 이렇게 성공적인 모델임에도 통상적인 진화 이론들은 이들을 더 고등한 형태의 동물로 넘어가는 과도기적 현상으로 설명하고 있다. 그래서 미국의 진화연구자 스티븐 제이 굴드Stephen Jay Gould 같은 학자는 이렇게 묻는다. "단지 진화의 계통수에서 작은 곁가지 하나가 육지로 거주지를 옮겼다는 이유로 전체 척추동물의 절반 이상이 더 이상 관심의 대상이 되지 못한다면 너무 불합리하지 않은가?"

진화를 이끌어가는 원동력을 좀 더 자세히 들여다보면 생명의 발달이 더 나은 형태를 향해 직선적으로 진행하지 않는다는 사실을 어렵지 않게 확인할 수 있다. 여기서 원동력이란 돌연변이를 말한다. 돌연변이는 유전자의 우연적 변화를 가리키는 것으로 부모가 갖지 않은 자질을 자손에게 발생시키는 작용을 말한다. 생물학을 공부하는 학생이라면 초파리 실험을 한 번쯤 해보았을 것이다. 초파리 실험은 유전학의 원리를 공부하는 데 아주 유용하다. 눈에서 느닷없이 다리가 자라나기 시작하는 초파리를 보고 있노라면 우리는 돌연변이가 어떤 목표나 의도를 가지고 발생하는 것이 아닐지 모른다는 의문을 품게 된다. 실험 뒤에 교사는 이 불쌍한 동물을 그만 고통에서 해방시켜 주라고 말할 것이다. 그러나 원칙적으로 말하면 다리가 눈에 붙은 파리도 공중으로 날려 보내야 한다. 이 파리에게 미래가 있는지 여부는 우리의 손이 아니라 자연선택의 압박에 의해 결정될 문제다. 아마도 살아남지 못할 가능성이 클 것이다. 하지만 이 파리가 대단히 영리한 녀석이라 자신에게 주어진 새로운 조건을 생존경쟁에서 이점으로 활용할 수 있다면 용케 살아남아 자손을 낳을 수도 있다. 그러면 언젠가 우리 앞에는 새로운 종의 파리가 등장할지도 모른다. 물론 창조론자들에게는 창조주가 보여 주는 참신하고 창의적인 디자인의 또 다른 사례일 테지만 말이다. 아무튼 이렇게 되면 아무도 더 이상 이 파리의 다리 달린 눈이 자연의 어처구니없는 실수에 지나지 않는다고 말하지는 않을 것이다.

진화의 방향성을 반박하는 또 다른 예는 소위 '제일 윗자리'에 있다는 포유류에도 이 같은 진화의 '실수와 사고'가 차고 넘친다는 사실이다. 가령 기린은 어른의 키만 한 긴 다리와 그보다 더 긴 목으로 높은 곳에 있는 나뭇가지와 잎을 따먹을 수 있다. 하지만 이런 신체구조에는 결정적인 단점이 있다. 몸이 너무 뻣뻣하여 위험이 찾아왔을 때 유연하게 대처하지 못하고, 걷는 동작에서 곧바로 전력질주 동작으로 전환해야 하며, 뛰는 중에 잘 넘어지기까지 하기 때문에 포식자의 먹잇감이 되기 쉽다. 자동차를 1단에서 곧바로 5단으로 변속하면 에너지 소모도 많을 뿐만 아니라 기어에 무리가 갈 수밖에 없는 것과 같다.

일부 박쥐들의 경우 진화는 고환에 집중적인 투자를 결정했다. 이 과정에서 유감스럽게도 두뇌에 대한 투자는 인색할 수밖에 없었다. 그 결과 이들은 다른 박쥐들처럼 멋진 비행을 하지 못하고 서툴게 여기저기 부딪히기 일쑤다. 쥐의 일종인 레밍은 많은 사람들이 믿는 것처럼 집단자살을 감행하지는 않는다. 하지만 이 동물들의 삶은 무수히 많은 적들과 한없이 부족한 식량으로 인한 고난의 연속이어서 실제로 집단자살을 저지른다 해도 고개를 끄덕이게 될 정도다. 햄스터는 스트레스가 심할 때 우리 인간에게도 익숙한 방식으로 반응한다. 바로 '폭식'이다! 거친 자연의 생존경쟁에서 살아남는 데 결코 유용한 전략이라고 할 수 없다.

이 모든 결함에도 불구하고 언급한 동물들은 아직도 존재한다. 왜 그럴까? 모두 어떤 방식으로든 자신들의 문제점을 해결해 나갔기 때문이다. 이것이 바로 이 책에서 이야기하려는 내용이다. 어떤 동물들은 자신의 기이한 특성에서도 장점을 뽑아내는 데 성공한다. 예를 들어 돌고래는 포유류인 탓에 수시로 수면으로 올라와 공기를 들이마셔야 하므로 깊이 잠들면 안 된다. 하지만 그 덕에 돌고래는 항상 깨어 있는 눈으로 적을 살필 수 있다. 진화에서 중요한 것은 얼마나 완벽한 존재냐가 아니라 결점을 받아들이고 거기서 최선의 것을 얻어 내는 일이다. 이런 생각은 우리에게도 다소 위안을 준다.

차례

포유류 많은 희생이 따랐지만 여전히 전도유망한 모델

영장류 거듭된 실수를 통해 구축된 견고한 지능 체계

척추가 인생의 전부는 아니잖아요?

'무척추동물'은 개념부터가 벌써 그다지 호의적으로 들리지 않는다. 심지어는 인종주의적인 냄새까지 난다. 이런 명칭은 해당 동물들에게 어떤 중요한 것이 없다는 의미를 내포하고 있기 때문이다. '무뇌아'가 사고에 필요한 핵심 기관이 없는 사람을 말하듯이 무척추동물은 척추가 없는 동물이다. 이로써 이들에게는 자동으로 '원시적'이라는 낙인이 찍힌다.

이렇게 특정 동물을 무시하는 듯한 단어선택에 대해 동물학자들은 '무척추' 개념이 단지 편의상의 '형태 분류'에 불과할 뿐 친족관계를 드러내는 어떤 실제적 특징에 따른 것은 아니라고 변명한다. 그러기에는 해면동물, 곤충, 달팽이 따위의 종들은 서로 너무나 판이하게 다르다는 것이다. 하지만 이것은 억지 변명이다. 이는 마치 기초생활수급자를 뭉뚱그려 하위계층으로 분류해 놓고는 단지 '편의상' 그렇게 했다고 설명하는 것과 비슷하다.

실제로 무척추동물은 매우 이질적이고 다양할 뿐만 아니라 이름에서 연상되는 것처럼 그렇게 하등동물도 아니다. 무척추동물 중에는 고도로 발달된 '국가'를 운영하는 개미나 벌도 있고, 한데 모여 마라톤 경주를 벌이는 게도 있고, 필요에 따라 마음대로 성별을 바꾸는 달팽이나 냉동실에서도 살아남는 막강한 곰벌레도 있다. 또 지렁이는 대지를 온통 들쑤시고 다니면서 척박한 땅을 비옥한 토지로 만들어 줄 뿐만 아니라 풀밭을 뒹굴며 카마수트라에 견줄 만한 애정행각을 몇 시간이고 계속한다(이들이 하필이면 환한 대낮에 이런 번식행위를 하여 쉽게 새의 먹이가 된다는 사실은 분명 자연의 '실수와 사고'로 분류되어야 할 것이다).

한마디로 무척추동물은 절대로 굼뜨고 단순하기만 한 동물이 아니다. 심지어는 척추가 없는데도 불구하고 대왕오징어처럼 몸길이가 최고 18미터에 달하고 눈도 축구공만 한 거대한 동물로 발전한 종도 있다. 또 산호는 잘 알려져 있듯이 커다란 섬을 만들어 내기도 한다.

그러니 이들을 얕잡아 볼 이유는 아무데도 없다. 하지만 우리는 무척추동물이라는 개념을 계속해서 사용하려고 한다. 여기에는 우선, 아픈 곳을 직접 건드림으로써 이 개념을 생물학 책들에서 사라지게 만들려는 의도가 있다. 두 번째로는 지금 우리가 자연의 실수와 사고에 대해 이야기하는 것과 관련이 있다. 사실 우리는 '실수와 사고'에서 비롯된 적절하지도 정당하지도 않은 많은 개념들을 현실에서 아무렇지도 않게 사용하고 있다. 알다시피 '편의상' 말이다.

달팽이들, 좀 적당히 하지!

트랜스젠더 달팽이들의 하드코어 짝짓기

연체동물 중에서 가장 다양한 종을 발전시킨 주인공은 그 수가 무려 43,000종에 달하는 달팽이들이다. 이는 지금까지 알려져 있는 전체 연체동물의 80퍼센트에 육박하는 엄청난 수치다. 이 사실만 보더라도 '단단한 껍질 속의 연약한 씨'라는 원칙(대부분의 달팽이는 석회로 이루어진 집을 등에 지고 다닌다)은 상당히 효과가 있는 듯 보인다. 1분에 50센티미터밖에 전진하지 못한다는 사실조차도 생존의 차원에서는 별로 문제가 되지 않는다.

달팽이들은 이동 속도는 엄청나게 느릴지언정 번식에서만큼은—특히 육상달팽이들은—매우 뛰어난 유연성을 보인다. 이들은 자웅동체로서 동시에 수컷도 되고 암컷도 될 수 있다. 또 몇몇 종류는 짝짓기를 할 때 자극을 가하기 위해 일명 '사랑의 화살'로 불리는 석회질의 긴 비수를 파트너의 몸에 찔러 넣기도 한다.

부르고뉴달팽이는 이 '사랑의 화살'을 단 1회만 사용한 뒤 파트너의 몸속에 그대로 남겨 놓는다. 그러나 과도한 자극행위를 즐기는 종들도 있다. 사무라이달팽이는 그 이름이 암시하듯이 상당히 과격하다. 이들의 짝짓기는 한 시간 가량 지속되는데, 이때 각자는 상대방의 몸을 10초당 25회의 빠른 속도로 평균 3,300회 정도나 찔러댄다. 길이가 5센티미터나 되는 사랑의 비수를 있는 힘껏 상대의 발바닥에 찔러 넣어 비스듬히 몸통을 관통하도록 만든다. 이것은 감미로운 사랑의 행위라기보다는 차라리 전기재봉틀을 연상시키는 장면이다.

그렇다면 이 격렬한 '피어싱 마라톤'이 갖는 의미는 무엇일까? 학자들은 찌르기가 자극을 줄 뿐만 아니라 상대방의 몸 안으로 들어간 정자의 생존에도 도움이 되리라고 추측한다. 달팽이는 매번 찌를 때마다 약간의 호르몬이 함유된 점액을 함께 주입하는데, 이 점액이 상대의 몸속에 있는 자신의 정자들을 상대의 면역체계로부터 보호해 주는 것으로 보인다. 그런데 이 이론에는 한 가지 문제가 있다. 지나치게 격렬한 섹스로 인해 많은 달팽이들이 상처를 입고 번식과정에서 낙오하거나 심지어 생명까지 잃기 때문이다. 죽어 버린 달팽이의 몸 안에 아무리 많은 정액을 쏟아 부은들 무슨 소용이 있단 말인가?

암수가 한 몸에 있는 달팽이들의 짝짓기는 더욱 흥미롭다. 벨기에 출신으로 튀빙겐 대학에서 생물학을 가르치고 있는 니콜라스 미셸Nicolaas Michiels은 이렇게 설명한다. "자웅동체는 상당히 이상적인 해결책인 것처럼 보인다. 모두가 모두를 위해 존재하고, 누구든지 아무나 선택할 수 있는 궁극적인 성평등이 실현되었으니 말이다. 특히 자웅동체는 각각의 상황에서 최고의 성과를 약속하는 성을 그때그때 마음대로 고를 수 있다." 인간이 성별에 관계없이 번식할 수 있다고 상상해 보라. 더 이상 남자와 여자가 필요 없고 그냥 두 사람이 각자 어떤 성을 선택할 것인지 자유롭게 결정하면 된다. 그러면 파트너 선택에도 훨씬 더 많은 가능성들이 생길 것이다.

그런데 자웅동체를 자세히 들여다보면 여러 가지 문제점이 발견된다. 우선 첫 만남에서부터 문제가 발생한다. 누가 수컷을 맡고 누가 암컷을 맡을 것인가? 가장 좋은 경우는 둘이 합의를 보는 것이다. 달팽이와 같은 소위 '하등동물'은 우리 인간과 달리 쉽게 합의를 볼 것이라고 추측하는 사람도 있다. "지능이 충분히 발달하지 않았으니 이해관계의 갈등도 없을 테고, 그러면 그저 본능에 따라서만 행동해도 충분히 종을 보존할 수 있다"고 믿는다. 그러나 사실은 그렇지 않다. 짝짓기와 관련해서 달팽이들은 자주 힘겨운 정체성 싸움을 벌인다. 어떤 성을 선택하는가에 따라 동물에게 요구되는 투자와 에너지 소모가 완전히 달라지기 때문이다.

달팽이 중에서 비교적 짝짓기를 자주 하는 종들의 경우에는 수컷의 역할이 암컷보다 더 힘들다. 경쟁 속에서 자신의 유전자를 전달하기 위해서는 짝짓기도 최대한 빈번히 시도해야 하고, 정자도 될 수 있는 한 많이 생산해야 하기 때문이다. 그래서 이런 경우에는 달팽이 두 마리가 서로 암컷을 하려고 든다. 반대로 짝짓기 횟수가 드문 종류는 정액이 많이 필요치 않기 때문에 암컷의 역할이 더 힘들어진다. 난자는 정자에 비해 크기도 크고 생산에 더 많은 에너지가 소모되는 탓이다. 이때에는 짝짓기 파트너들이 서로 수컷을 하겠다고 다툰다.

또 짝짓기 도중에 역할을 바꾸는 방식으로 성 갈등을 해결하는 달팽이들도 있다. 이 경우, 처음에 수컷 역할을 맡은 달팽이가 나중에는 암컷이 된다. 마치 조화로운 무언의 합의처럼 들리지만 실제로는 그렇지 않다. 이때에도 달팽이들은 지극히 구체적인 기대와 의도를 품고 움직이기 때문이다. 튀빙겐 대학에서 진화를 전문적으로 연구하는 닐스 안테스Nils Anthes에 따르면 이런 달팽이들은 사기를 당하지 않으려고 온통 신경을 곤두세운다고 한다. 안테스는 갯민숭달팽이의 정관을 묶어 짝짓기는 가능하되 정자를 옮길 수 없도록 만드는 실험을 실시했다. 그러자 이렇게 조치된 달팽이는 짝짓기를 시도할 때마다 항상 문제가 발생했다. 실망한 파트너 달팽이가 사랑의 행위를 중단하고 도망쳤기 때문이다. 파트너 달팽이는 자신의 정자를 내준 뒤에 다시 상대의 정자를 받아 임신하기를 원했는데 정자를 주지 못하는 가짜 수컷한테 사기를 당했다고 느꼈던 것이다.

부르고뉴달팽이는 성적 갈등을 피하기 위해 교묘한 조작의 힘을 이용하기도 한다. 이들은 사랑의 화살을 파트너의 발에 찔러 넣음과 동시에 파트너를 암컷으로 만드는 성 호르몬을 함께 주입한다. 상당히 교활한 수법이다. 그런데 이 방법이 늘 성공하는 것은 아니다. 상대 달팽이도 똑같이 응수하기 때문이다. 서로 상대를 암컷으로 만들려고 있는 힘을 다해 성 호르몬을 주입하다 보면 생명에 직결된 기관들이 타격을 입어 도중에 둘 다 죽는 경우도 심심치 않게 발생한다. 결국 암컷도 수컷도 사라지고 두 개의 죽은 달팽이 시체만 달랑 남게 되니 이것이 종의 보존에 득이 될 리는 만무하다.

어떤 악조건 속에서도 죽지 않아!

강인한 생명력의 화신, 곰벌레

작열하는 태양 아래 해변을 즐기기 위해 반드시 비행기를 타고 멀리 마요르카 섬(지중해 서부에 위치한 스페인령의 휴양 섬)까지 날아갈 필요는 없다. 독일 북부의 쿡스하펜이나 노르데르나이 같은 가까운 해안도 아주 훌륭하다. 바닷가 모래사장에 발을 딛는 순간 10만 마리 가량의 귀여운 벌레들이 발바닥에 달라붙고, 활짝 펼쳐 놓은 목욕수건 아래로는 약 1천만 마리의 벌레들이 우글거린다.

해변의 모래사장에 서식하는 온갖 동물들은 흔히 간극동물이라고 불린다. 이런 곳에서는 수분이 표면장력으로 모래알에 얇은 막을 씌워 서로 달라붙지 않게 한다. 이때 모래와 모래 사이의 간극은 매우 비좁긴 해도 간극동물이 서식하기에는 충분하다. 이들은 척박한 모래 환경에 최적으로 적응했는데, 일단 채 1밀리미터도 안 되는 몸집부터가 그 좋은 예다. 이렇게 미세한 동물들이지만 현미경의 도움 없이 육안으로 이들을 확인하는 방법이 있다. 모래를 양동이에 넣고 물을 부어 세차게 휘저으면 거품이 생기는데, 이런 거품이 많이 생길수록 모래 안에 이 작은 생명체들이 많다는 뜻이다.

독일의 동물학자 아돌프 레마네Adolf Remane는 80여 년 전 처음으로 모래사장에 다양한 종의 생명체들이 서식한다는 사실을 발견했다. 그때 이후로 다양한 지식들이 축적되었으나 질트 갯벌연구소의 생물학자

베르너 아르모니스Werner Armonies가 투덜대는 것처럼 "더 많은 연구비가 지원되었더라면" 지금보다 훨씬 더 많은 연구 성과를 얻어 낼 수도 있었을 것이다. 아무튼 아직까지는 경제적으로나 일반적으로 갯벌에 대한 관심이 너무 저조한 형편인데 이는 매우 애석한 일이다. 척박한 환경에서 살아가는 생물들은 생존을 위해 다양한 적응메커니즘을 발전시켰을 테고, 이는 인간에게도 분명 유용할 것이기 때문이다.

모래 틈바구니 속 꼬마동물들에게 밀물은 마치 허리케인과도 같이 몰아친다. 밀물에 휩쓸려 떠내려가든가, 아니면 단단히 버티고 있든가 둘 중 하나다. 예를 들어 동문동물(바다 밑의 모래, 진흙 속, 플랑크톤 속에 서식하는 작은 동물로 극피충이 여기에 속한다)들은 모래사장 아래의 터널에 굳게 붙어 있고, 선충류는 선액을 분비하여 조약돌이나 조개 등에 달라붙었다가 필요할 때 다시 떨어져 나온다. 공작시간에 접착제로 사용할 수 있다면 좋을지도 모르겠다.

현미경으로나 들여다볼 수 있는 이런 바닷가 동물들은 먹이를 사냥할 때도 매우 창의적이다. 다만 방법이 조금 우악스러울 때도 있다. 예를 들어 바다진드기는 앞발로 게를 꼭 붙잡고 살아 있는 채로 수액을 빨아먹는다. 그러나 대부분의 간극동물은 유기물 찌꺼기를 먹고 산다. 이들은 모래사장의 '환경미화원'으로서도 아주 유능한 일꾼들이다. 만약 이 동물들이 단체로 파업이라도 한다면 해변에서는 코를 찌르는 악취가 풍길 것이다. 이들은 박테리아와 협력하여 오일이나 선크림 찌꺼기까지 깨끗이 제거한다.

간극동물 중에서도 가장 매력적인 녀석은 단연 곰벌레다. 곰벌레를 현미경으로 들여다보면 정말 아주 작은 곰처럼 생겼다. 정상적인 진화를 거치며 발전해 나왔다기보다는 곰 모양의 젤리 생산 공장에서 툭 튀어나온 듯이 보인다. 이 희한한 녀석들은 기존의 동물군으로 분류하기가 마땅치 않아 학계에서는 이들을 위한 별도의 카테고리를 만들어 분류한다. 그래서 곰벌레는 무척추동물도 아니고 곤충이나 게처럼 절족동물에 속하지도 않는 독자적인 동물문으로 분류되는데, 전문용어로는 '완보동물'이라고 한다. 이 완보동물Tardigrade, '타디그레이드'이라는 명칭은 마치 오랜 귀족가문의 이름처럼 들리는데, 실제로 곰벌레들은 믿을 수 없을 정도로 끈질긴 생존의 대가로서 오랜 세월 그 혈통을 이어오고 있다.

곰벌레들은 바닷게 모래사장에서만이 아니라 지붕의 빗물 홈통이나 물웅덩이에도 서식하고, 무더운 열대우림이나 극지방의 빙하 속 같은 극단적인 환경에서도 문제없이 살아남는다. 곰벌레는 머리와 네 부분의 체절로 이루어져 있으며, 각 체절에는 몸 안으로 집어넣을 수 있는 다리가 한 쌍씩 달려 있다. 그런데 이것은 사실 제대로 된 다리라기보다는 몽당다리라고 말하는 편이 더 정확하다. 곰벌레의 이런 몽당다리에는 갈고리 모양의 발이 붙어 있어서 썰물에 물이 빠져 나가는 것 같은 큰 변화가 발생할 때 몸을 단단하게 고정시킬 수 있도록 해준다.

곰벌레는 원래 수중생물임에도 불구하고 바닷물에 휩쓸려 떠내려가지 않고 건조한 장소에 서식한다. 이는 환경의 극단적 변화에 최적의 상태로 적응하는 이들의 능력을 잘 보여 준다. 곰벌레는 환경이 지독하게 춥거나 건조하거나 더워지면 일시적으로 물질대사를 중단한다. 튀빙겐 대학의 동물학자 랄프 실Ralph Schill의 설명에 따르면 "이때 몸 안의 수분함량은 불과 몇 퍼센트의 낮은 수준으로까지 떨어지고 이들의 몸은 작은 원통 모양이 된다." 그렇다면 이렇게 건조한 상태의 곰벌레가 과연 좁은 의미에서 살아 있는 생명체라고 말할 수 있을지는 의문이다. 학문적 정의에 따르자면 확인 가능한 물질대사가 이루어지지 않는 존재는 무생물인 자연과 더 이상 구별되지 않으므로 죽은 것으로 봐야 하기 때문이다.

하지만 곰벌레는 이런 정의에 전혀 개의치 않는다. 적합한 환경조건이 갖추어지면 불과 15분 이내에 스스로 다시 깨어나기 때문이다. 가히 생존의 대가라 할 만하다. 도대체 이런 신비스러운 '가사상태'는 어떻게 가능한 것일까? 체내 세포들을 건조한 유기물 덩어리로 만들어버린 후, 다시 생명을 불어넣는 곰벌레의 이 기이한 재주는 학자들에게도 여전히 풀리지 않는 수수께끼다.

곰벌레는 심지어 물의 끓는점보다도 더 높은 섭씨 125도에서도 생존한다. 대개 물을 펄펄 끓이면 그 안에 있는 유해 박테리아들은 아무리 생명력이 강해도 고온을 견디지 못하고 모두 죽는다. 그러나 생존의 최강자인 곰벌레를 사망에 이르게 하려면 온도를 그보다 더 높이 올려야 한다.

더욱 놀라운 것은 혹한을 견디는 능력이다. 곰벌레는 영하 272도에서도 살아남는데, 이는 단순히 놀랍기만 한 것이 아니라 진화적 시각에서 거의 불가능한 일이다. 이 정도의 온도는 지구의 자연적 조건 하에서는 존재하지 않는다. 또한 지난 몇 백만 년 동안 그런 일은 단 한 차레도 나타난 적이 없었다. 다시 말해서 곰벌레는 진화과정에서 이런 혹한을 한 번도 만난 적이 없으며 따라서 여기에 적응할 기회도 없었다. 이런 근거를 내세워 어떤 사람들은 곰벌레가 이 세상의 것이 아닌 지구 밖의 외계생명체로 언젠가 혜성이나 UFO에 실려 지구로 들어온 것이 아닌가 하는 추측을 진지하게 내놓기도 한다. 물론 대다수의 과학자들은 UFO의 가능성을 최종적으로 배제할 것이다.

우리도 이런 추측에 동의하지 않는다. 그보다 훨씬 더 평범한 설명이 가능하기 때문이다. 진화의 과정이 종종 그렇듯이 곰벌레의 경우도 진화가 목표를 초과달성했을 가능성이 있다. 동해방지를 위해서는 영하 100도면 충분한데, 어떻게 하다 보니 영하 272도까지 견디게 만들어졌으리라는 것이다. 곰벌레 입장에서는 손해될 것 없는 보너스인 셈이다. 고용량의 방사선을 견디는 능력 역시 무척추동물인 곰벌레로서는 정형외과 진찰대에 오를 일이 없기 때문에 거의 쓸모가 없다. 생명의 역사를 총괄하는 연출가로서 진화가 생각해 낸 모든 일들이 다 의미를 갖는 것은 아니다.

뿔의 위치로 날 재단하지 마!

다양성의 인정, '딱정벌레적 삶'의 출발점

딱정벌레들이 진화의 성공모델이라는 데에는 큰 이견이 없다. 딱정벌레는 2억8천만 년 전에 지구에 처음 등장하여 현재 40만 종 가량이 서식하고 있다. 전체 곤충을 통틀어 딱정벌레만큼 다양한 종을 발전시킨 동물도 없다. 심지어는 변온동물이 살기에 그다지 적합하지 않은 중부유럽에도 무려 8천 종이 넘는 딱정벌레들이 서식하고 있다.

딱정벌레의 성공은 사실 아주 놀라워 보인다. 녀석은 행동이 굼뜬데다가 자칫 몸이 뒤집어지기라도 하면 자기 힘으로 일어나지 못해 쩔쩔매기 일쑤다. 또 딱정벌레가 딱딱한 앞날개와 연약한 뒷날개로 날아가는 모습은 마치 뻣뻣한 날개가 달린 낡은 비행기와 터무니없이 작은 프로펠러가 달린 덜덜거리는 헬리콥터가 뒤섞인 희한한 비행물체처럼 보인다. 딱정벌레의 비행은 잠자리의 우아함과 거리가 멀고 파리처럼 날쌔지도 않으며 벌처럼 강인한 지구력을 자랑하지도 않는다. 실제로 딱정벌레들 중에는 비행이 살아가는 데 전혀 도움이 되지 않는다고 판단하여 아예 날기를 포기한 종들도 있다.

이렇게 엄청난 수의 종들이 생겨나다 보니 딱정벌레들 중에는 기이한 것들도 많다. 일례로 브라질의 타이탄하늘소는 몸길이가 무려 17센티미터나 된다. 이런 놈을 집 근처 배추밭에서 만나기라도 하면 누구나 기겁을 할 것이다. 그러나 딱정벌레의 큰 몸집은 사람에게보다는 그들 자신에게 더 큰 문제를 안겨 준다. 다른 곤충들처럼 딱정벌레도 원시적 형태의 기관을 통해서 산소를 체내에 운반하는데 이 운반시스템의 작업능력은 조류나 포유류의 혈액순환처럼 효율적이지 못하다. 그러므로 몸집이 커지면 그만큼 산소공급의 문제도 커진다. 이런 이유로 타이탄하늘소는 매우 느리게 움직일 수밖에 없다. 그러니 커다란 몸집에 겁을 먹지만 않는다면 누구라도 쉽게 잡을 수 있다.

중앙아프리카의 거대한 골리앗장수풍뎅이에게는 그 밖에 또 다른 문제가 있다. 이들의 유충은 무게가 110그램이나 나가기 때문에 여러 동물들은 말할 것도 없고 심지어 그곳의 원주민들까지도 단백질 공급원으로 관심을 가질 정도다. 엄청난 몸집이 항상 적으로부터 자신을 보호해 주는 것은 아니며 오히려 적을 부를 수도 있다는 사실을 잘 보여 주는 사례다.

소똥풍뎅이의 일종인 쇠똥구리는 진화가 장점과 단점을 동시에 가져다줄 수 있다는 사실을 보여 주는 대표적인 사례 중 하나다. 쇠똥구리라는 이름은 이 동물이 어떤 장소를 선호하는지 알려 준다. 그러나 예전에 이 동물이 찰스 다윈을 놀라게 했던 것은 이들이 좋아하는 장소가 아니라 이들의 뿔이었다. 쇠똥구리들은 멋진 뿔을 달고 있는데 그 크기와 형태가 종에 따라 다양하며 뿔이 솟은 위치도 이마 정면, 뒤통수, 머리 바로 앞 몸통 등 제각각이다. 다윈은 도무지 그 이유를 설명할 수가 없었다. 그는 뿔의 다양한 위치가 진화의 선택과정에 어떤 장점을 가져다주는지를 의문으로 남겨둔 채 쇠똥구리에 대한 기술을 끝냈다.

이 문제를 깊이 파고든 과학자는 몬태나 대학의 더글러스 엠렌 Douglas Emlen이었다. 미국인 생물학자 엠렌의 저술은 온통 쇠똥구리의 뿔에 관한 것들뿐이다. 그가 내린 결론은 뿔의 다양한 위치가 쇠똥구리 몸통에서 특정 부분이 퇴화한 현상과 직접적인 관련이 있다는 것이었다. 다시 말해서 진화는 항상 그 개체가 바라는 방향으로만 진행되지는 않았다. 하나를 얻으면 그 대가로 다른 것을 잃을 수도 있다는 것이다. 예를 들어 뿔이 머리 앞쪽에 달린 경우에는 더듬이가 상대적으로 작아졌고, 뒤통수에 달린 경우에는 눈이 작아졌다. 또 몸통에 뿔이 났다면 작은 날개로 만족해야 한다. 엠렌의 설명에 따르면 "전체적으로 볼 때 뿔은 언제나 해당 종이 가장 포기하기 쉬운 기관의 근처에서 솟아난다." 다시 말해 뿔의 위치는 각 쇠똥구리 종들의 생활방식에 맞추어져 있다. 뒤통수에 뿔이 위치하여 상대적으로 작은 눈을 갖고 있는 쇠똥구리는 눈보다 다른 감각기관에 많이 의지하는 편이다. 작은 눈을 지녔다고 해서 이 쇠똥구리의 진화가 반드시 잘못 이루어졌다고 말할 수는 없다. 뿔을 얻는 대가로 다른 기관의 퇴화를 감수해야 했지만 그로 인해 삶이 더 불리해지지는 않았기 때문이다.

하지만 또 다른 쇠똥구리의 사례는 이런 추론마저 어렵게 만든다. 엠렌은 뿔의 크기가 큰 쇠똥구리 수컷이 상대적으로 작은 고환을 갖고 있다는 사실을 발견했다. 이 경우 쇠똥구리에게는 머리장식이 클수록 정자의 수가 적다는 규칙이 적용되며, 이는 당연히 번식능력에도 뚜렷한 제한을 가져온다. 이것은 어쩌면 우리 호모 사피엔스의 수컷이 자신의 그저 그런 성적 능력을 보상하기 위해 날렵하고 값비싼 스포츠카를 타고 다니는 것과도 비슷하다고 하겠다. 하지만 값비싼 스포츠카를 모는 호모 사피엔스 수컷이 그렇듯이 뿔로 암컷을 현혹시키려는 쇠똥구리 수컷도 번식이라는 전략적 관점에서는 낙제점을 피할 수 없다. 아무리 커다란 뿔로 경쟁자를 물리치고 암컷의 마음을 사로잡는다 해도 그 뒤에 자신이 정복한 암컷에게 충분한 정자를 제공할 수 없다면 결국 유전자 전달에는 성공할 수 없으니 큰 뿔이 다 무슨 소용이 있겠는가? 아니 차라리 잘된 일일지도 모른다. 난폭한 스포츠카 운전자들이 언젠가 멸종하게 된다면 고속도로에서 마음 놓고 평화롭게 운전할 날이 올 수도 있을 테니 말이다.

진화? 비주얼로 일단 먹고 들어가야죠
뿔매미의 디자인 전략

돌지 않는 바람개비는 어디에 쓰며 아무런 경쟁상대도 없는 마당에 강력한 뿔은 무슨 소용이 있을까? 비행에 아무 도움이 되지 않는 깃털도 그렇고 태양은커녕 빗물도 잘 막지 못하는 모자 역시 마찬가지다. 이런 것들은 겉모습은 그럴싸해 보일지언정 아무 짝에도 쓸모가 없다.

그럼에도 불구하고 남아메리카 열대림 깊숙한 곳에는 '디자인'을 트레이드마크로 내건 곤충이 있다. 이 곤충의 모습은 진화의 발달과정을 비웃기라도 하려는 듯이 보인다. 남아메리카 뿔매미는 곤충계의 극락조로 통한다. 그것도 온갖 총천연색 동물들이 가득한 열대우림에서 그런 대접을 받을 정도니 가히 그 아름다움을 짐작할 만하다. 이 곤충의 화려함은 색상이 아니라 바로크 건축양식에 비견될 만한 가슴등판에 있다. 19세기 말 뿔매미를 최초로 연구한 과학자 중 한 사람인 미국의 곤충학자 존 헨리 콤스톡John Henry Comstock은 "자연이 뿔매미를 만들 때 유머감각을 십분 발휘했다"고 평했다.

사실 동물학적으로 볼 때 뿔매미는 그다지 특별할 게 없다. 뿔매미는 매미의 일종으로 다른 동물에게 아무런 해를 끼치지 않는다. 대신 관처럼 생긴 긴 주둥이를 식물에 찔러 넣어 달콤한 수액을 빨아먹으며 산다. 게다가 빨아들인 당분의 일부는 꿀물로 만들어 다시 뱉어 내기

때문에 개미들을 몹시 즐겁
게 한다. 그래서 특별히 매미
사육을 담당하는 개미도 있
을 정도다.

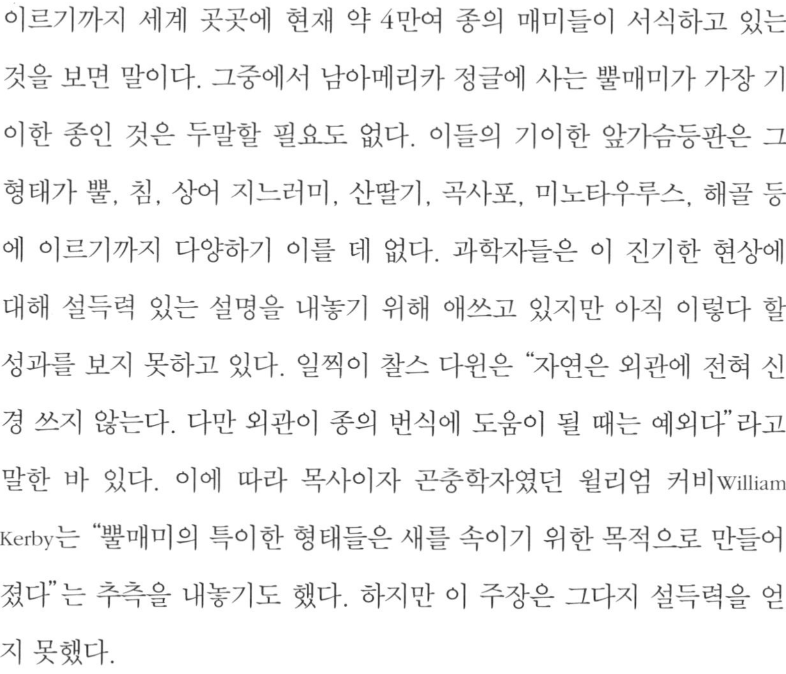

　이런 형태의 '찔러 넣고 빨아먹기'
원칙은 진화에 꽤나 유용했던 모양이다.
염습지에서부터 티베트 고원지대에
이르기까지 세계 곳곳에 현재 약 4만여 종의 매미들이 서식하고 있는
것을 보면 말이다. 그중에서 남아메리카 정글에 사는 뿔매미가 가장 기
이한 종인 것은 두말할 필요도 없다. 이들의 기이한 앞가슴등판은 그
형태가 뿔, 침, 상어 지느러미, 산딸기, 곡사포, 미노타우루스, 해골 등
에 이르기까지 다양하기 이를 데 없다. 과학자들은 이 진기한 현상에
대해 설득력 있는 설명을 내놓기 위해 애쓰고 있지만 아직 이렇다 할
성과를 보지 못하고 있다. 일찍이 찰스 다윈은 "자연은 외관에 전혀 신
경 쓰지 않는다. 다만 외관이 종의 번식에 도움이 될 때는 예외다"라고
말한 바 있다. 이에 따라 목사이자 곤충학자였던 윌리엄 커비William
Kerby는 "뿔매미의 특이한 형태들은 새를 속이기 위한 목적으로 만들어
졌다"는 추측을 내놓기도 했다. 하지만 이 주장은 그다지 설득력을 얻
지 못했다.

　물론 몇몇 종의 뿔매미들은 위협적인 땅벌을 연상시키는 덕택에 새
들의 공격을 모면하기도 한다. 또 알록달록한 앞가슴등판을 활용하여
울창한 원시림 속에서 몸을 잘 감출 수 있는 종들도 있다. 문제는 여기

에 해당되지 않는 종들도 아주 많다는 사실이다. 어떤 종들은 화려한 바로크 양식의 앞가슴등판 때문에, 또 어떤 종들은 유별나게 기이한 행동으로 인해 마치 진열대 한가운데 전시되어 있는 것처럼 확연히 눈에 띈다. 그럼에도 불구하고 이들이 여태껏 살아남을 수 있었던 것은 적들이 자기 눈으로 직접 본 것을 절대로 믿지 않았던 덕택이 아닐까 싶다.

요즘은 인터넷을 통해 뿔매미들의 다양한 사진을 접할 수 있다. 이들은 독특한 외모 덕분에 고급스러운 화보를 곁들인 과학잡지 《GEO》(2006년 3월호)에도 당당히 모델로 등장했다. 잡지에서 사진가 파트릭 란트만Patrick Landmann은 이국적인 모습의 뿔매미 종류들을 총망라하여 소개했다. 란트만의 사진들을 보면 헬리콥터와 뿔 모양 외에도 벨기에의 아토미움 기념관을 연상시키는 구조도 보인다. 다리가 달린 광대물고기나 짧은 머리의 바이킹을 떠올리게 하는 녀석도 있다. 어떤 종(cladonata)의 경우 암컷은 과테말라의 콜럼버스 국립기념관(1992년 신대륙 발견 500주년을 기념해 지어진 것으로 웅장하고 기하학적인 외관으로 유명하다)을 연상시킬 만큼 날렵하고 멋진 곡선의 앞가슴등판을 갖고 있는 반면 수컷의 것은 볼품없이 밋밋한데, 아직 어떤 과학자도 그 차이와 이유에 대해서 제대로 설명하지 못하고 있다. 두 경우 모두 뛰어난 비행능력과는 아주 거리가 멀기 때문이다. 심지어 암컷의 경우에는 바람이 조금만 불어도 이러저리 흔들릴 지경이다. 또 다른 종(enchenopa)의 뿔매미들은 겉모습이 마치 나비를 만들려다 실패한 것처럼 보일 뿐만 아니라 다른 매미들과 달리 음악적 소질도 전혀 없다. 수컷은 구애를 할 때 북을 치듯이 배로 나뭇가지를 두드려 댄다. 이에 화답하는 암컷의 소리는 멋진 리듬과는 거리가 멀고 마치 낡은 난방기에서 딱딱하고 소리가 나는 것처럼 들린다. 물론 그렇다고 이런 소리들이 암수의 랑데부에 지장을 주지는 않는다. 다만 사나운 새들도 이 '북소리'를 듣고 확실하게 사냥감을 찾아낼 수 있다는 게 문제다. 이것은 "사랑은 죽음마저 극복한다"는 이반 투르게네프의 공식에 정면으로 위배되는 경우라 하겠다. 아마도 이 러시아 작가는 뿔매미의 존재를 미처 알지 못했던 모양이다.

집게발에 불꽃이 튀도록 달려!
늙은 갑각류의 철인 3종 경기

동물들 중에는 세부 지식 없이 단순히 이름만 들어도 구체적인 그림이 그려지는 것들이 있다. 게나 갑각류도 이런 동물들 중 하나다. 이런 이름을 들었을 때 영장류 같은 고등동물이 연상되거나 일정한 형태, 혹은 척추가 없는 연체동물이 떠오르지는 않는다. 그 대신 육중한 갑옷을 차려입은 기사가 오래된 과거 속에서 불쑥 튀어나온 것처럼 투박하고 단단한 무언가가 금세 눈앞에 그려진다.

진화의 사실들은 이런 굳센 인상이 틀리지 않았음을 증명해 준다. 갑각류 중에서는 5억 년도 넘은 화석이 발견되기도 한다. 그러니 이들이 오래된 과거의 산물이며 진화의 성공 모델임은 의심의 여지가 없어 보인다. 그렇지 않다면 일찌감치 지구상에서 멸종했을 것이다. 하지만 갑각류들이 오랜 세월을 거치는 내내 줄곧 '딱딱한 껍질과 찰진 속살'의 원칙을 추구했다고 생각한다면 오산이다. 이들 역시 진화에서 언제나 최상으로 간주되는 방법, 즉 다양성과 적응을 선택했다. 동물학계에는 현재 4만여 종의 갑각류가 알려져 있다. 이들을 모두 하나의 동물군으로 묶기에는 종류가 너무도 다양하다.

갑각류들은 거의 모든 환경에서 생존한다. 남극지방, 뜨거운 온천지대, 심해의 밑바닥, 파도가 넘실대는 해안 등 그 어떤 곳도 개의치 않는다. 수생동물이기 때문에 아가미를 지니고 있지만 아가미 주변이 말라도 생명에 지장이 없다. 일부 갑각류는 원래의 형태에서 상당히 '해방' 된 것들도 있다. 예를 들어 야자집게는 물에 빠지면 숨을 쉬지 못해 익사하지만 그 대신 코코넛을 까먹을 줄 안다. 그리고 쥐며느리가 물보다 땅에서 살기를 더 좋아한다는 사실은 집에 지하실이 있거나 베란다의 화분 밑을 들춰 본 사람이라면 누구나 알 것이다. '제노그랍수스 테스투디나투스xenograpsus testudinatus' 라는 학명의 갑각류는 이 동물들이 극도로 열악한 환경을 어떻게 유리한 방향으로 활용하는지 잘 보여 준다. 이들은 대만 귀산도 인근 타이완해협에 서식하는데, 이곳의 해저에는 황산이 다량 함유된 펄펄 끓는 물이 솟아나는 곳이 아주 많기 때문에 동물이 살기에 적합하지 않다. 그런데도 영 생명이 살 수 없어 보이는 이 해저 바닥에는 수백 마리의 제노그랍수스 게들이 기어 다니고 있다. 이들의 생존 수법은 이렇다. 바위 속 은신처에 숨어 있다가 조류가 바뀐 직후에만 밖으로 나오는 것이다. 조류가 바뀌는 짧은 시간 동안 뜨거운 황산 샘물이 위로 솟아오르면서 근처의 모든 생물을 죽여 버린다. 그러면 죽은 물고기와 플랑크톤이 무더기로 바다 밑바닥에 떨어진다. 갓 죽은 시체를 먹고 사는 게들에게는 하늘에서 음식이 줄줄 떨어지는 것과 다름없다. 이 갑각류들의 먹이 찾는 감각이 얼마나 섬세한지를 잘 보여 주는, 가히 천재적인 적응방식이라 하겠다.

그런데 갑각류의 '강한 적응력'은 진화과정에서 몇몇 종들을 지나치게 용감하게 만든 것 같다. 호주 크리스마스 섬의 붉은 게(크리마스섬붉은게)들은 해마다 빠짐없이 철인경기를 치를 정도로 강한 지구력을 과시한다. 이들은 보스턴이나 베를린 마라톤에 참가하는 인간보다 훨씬 더 힘든 조건에서 달리기를 한다. 그러다 보니 중간에 문제가 발생하는 것은 당연하다.

11월 우기가 시작되면 붉은게들은 내륙의 동굴에서 나와 땅 위를 온통 새빨갛게 물들이며 바닷가로 달리기를 시작한다. 지름 8∼10센티미터의 몸으로 한 시간에 겨우 350미터를 이동하는 이 게들이 달려야 하는 거리는 총 8킬로미터로 이들에게는 마라톤보다 훨씬 더 힘든 경주다. 꾸물대거나 쉴 틈도 없다. 바다에 도착해야 하는 시점이 정해져 있기 때문이다. 암컷들은 조수간만의 차가 가장 작아지는 초승달이 뜨기 직전에 알을 낳아야 한다.

바다에서 더 멀리 떨어져 사는 수컷들이 먼저 동굴을 나서고, 암컷들은 나중에 합류한다. 하지만 그 대신 암컷은 10만여 개의 알을 품고서 길을 가야 한다. 브리스톨 대학의 동물생리학자 스티브 모리스Steve Morris는 암컷의 상황을 "인간이 5킬로그램의 감자를 지고 가는 것과 비슷하다"고 설명한다. 마라톤 주자로서는 결코 이상적인 차림이라고 할 수 없다.

그렇지만 인간 마라톤을 주최하는 입장에서 보자면 6천만 마리의 주자들이 참여하는 규모의 마라톤대회란 꿈에서나 가능할 일이다. 딱딱한 껍질로 무장한 6천만 마리의 대부대는 또한 엄청난 소음을 발생시키기 때문에 이들이 마라톤경기를 하는 동안 섬 전체의 동물들은 숨을 죽인다. 물론 모두가 다 숨을 죽이고 있는 것은 아니다. 사실 앞서 언급한 야자집게는 코코넛보다 게를 더 맛있어한다. 하지만 마라톤을 하는 붉은게들에게 야자집게보다 훨씬 더 큰 위험은 체내의 수분 손실이다. 비록 딱딱한 껍질로 무장하고 있지만 수분이 빠져나가는 정도는 말랑말랑한 피부의 두꺼비와 전혀 다를 바 없으며, 또 호흡을 통해서도 수분과 생명유지에 중요한 미네랄들이 다량으로 빠져나간다. 그래서 마라톤 도중에 말라 죽는 게들도 적지 않고, 그늘에서 비가 오기를 기다리다가 바닷가에 도착하는 적절한 시점을 놓쳐 버리는 녀석들도 있다.

한 가지 다행이라면 붉은게 여섯 마리 중 한 마리가 자동차 타이어에 깔려 죽던 시절이 지나갔다는 것이다. 크리스마스 섬 주민들이 이제는 붉은게의 마라톤이 열릴 때 스스로 알아서 자동차 운행을 자제하는 덕분이다. 하지만 바다에 도착한 게들에게도 많은 위험이 도사리고 있다. 수컷들은 가파른 암벽에 이르러서야 비로소 자신에게 물리쳐야 할 경쟁자가 무수히 많다는 것을 깨닫게 된다. 이 싸움을 위해서는 남겨둔 힘을 모두 소진해야 한다. 마라톤 경기를 마친 직후에 곧바로 다수의 경쟁자들을 상대로 여러 차례의 격투기 시합을 벌여야 한다고 생각해 보라.

그리하여 마침내 암컷들이 도착하고 보면 절벽 아래에는 이미 수많은 구애자들의 시체가 뒹굴고 있다. 그런데 여기서 살아남은 수컷들이 가장 강한 놈들인가 하면 반드시 그렇지도 않다. 스티브 모리스가 확인한 바에 따르면 수컷들 중에는 경쟁자와의 싸움에서 연극을 하는 놈들이 있다고 한다. 이들은 힘을 아끼기 위해 일찌감치 패자가 되어 엎드려 있다가 암컷들이 도착하면 갑자기 짝짓기를 위해 아껴둔 에너지를 사용한다. 반면에 용감한 투사들은 이미 힘이 완전히 고갈된 상태다. 영리한 방법인 듯도 하지만 또 한편으로는 엄연한 사기다. 아무튼 더 강한 자가 살아남는다는 적자생존의 법칙과는 거리가 먼 장면이다.

바닷가에 도착한 암컷들은 살아남은 수컷들이 선택을 기다리며 늘어선 대열 앞을 도도하게 지나간다. 모리스의 설명에 따르면 "암컷이 이때 어떤 기준에 따라 자신의 챔피언을 선택하는지는 아직까지도 알려지지 않았다." 아무튼 힘이 더 세다고 약한 놈보다 기회가 더 많지는 않다.

짝짓기가 끝나면 암컷은 암벽으로 가서 알을 바다로 던진다. 이때 폭풍우가 몰아치면 비처럼 쏟아지는 알들뿐만 아니라 헤엄을 칠 줄 모르는 암컷들도 함께 우수수 바다로 떨어진다. 새끼들이 태어나는 데 필요한 바닷물에 수많은 어미들이 익사하는 것이다. 물론 새끼들의 운명도 확실히 보장되지는 않는다. 수많은 유충들이 파도에 휩쓸려 사라지거나 물고기의 뱃속으로 들어간다.

추측컨대 붉은게들의 마라톤에 따르는 손실은 수백만 마리를 넘어설 것으로 보인다. 따라서 비록 마라톤 같은 장관을 연출하지는 못하더라도 종족 번식을 위한 좀 더 안전한 방법이 있지 않았을까 묻게 된다. 물론 해마다 수천만 마리에 달하는 게들이 계속해서 바다여행을 떠날 수 있는 한 별도의 대책을 강구할 필요는 없다. 그러나 붉은게들의 개체수가 여전히 아주 많다는 사실은 유리한 번식전략 덕택이라고 말할 수 없다. 그보다는 이들이 주로 식물 찌꺼기를 먹고 살기 때문에 지렁이들처럼 별다른 위험 없이 살아갈 수 있으며, 게다가 주변에 천적도 별로 없다는 사실에 기인한다. 야자집게에게 잡아먹히는 건 아주 미미한 타격에 불과하며, 진짜 붉은게를 즐겨 먹는 크리스마스섬쥐는 지난 세기 초 전염병에 의해 멸종되었다. 어떤 종의 동물이 살아남는 데는 이처럼 행운만 따라주면 충분할 때도 있는 모양이다.

그런데 붉은게의 이런 행운도 몇 년 안에 끝날지 모른다. 1990년대에 아프리카에서 이 섬으로 들어온 노랑미친개미가 붉은 게의 새로운 천적으로 떠오르고 있다. 이들이 내뿜는 독이 붉은게의 눈을 멀게 하여 곤란에 빠뜨리고 결국에는 굶어 죽도록 만들고 있기 때문이다. 최근에 크리스마스 섬에서는 이 개미 '에어리언'들의 개체수가 가파르게 증가하고 있다. 한때 붉은게에게 천적이 없었듯이 이제는 이 미친 개미들의 천적이 거의 없다.

02 어류

진화 게임의 베스트 플레이어

어류는 이 세상에서 가장 오래된 척추동물로서 약 4백만 년 전부터 살아왔다. 현재 알려진 어류는 무려 3만여 종에 달하며 지금도 매년 새로운 종이 발견되고 있다. 어류는 '진화의 롱셀러longseller'인 셈이다. 빙하기, 화산폭발, 운석낙하 등의 대재난을 모두 겪었고 전설과도 같은 공룡이 등장하고 사라지는 것까지 모두 지켜본 동물이라면 '적자생존'에 대해 말할 자격이 충분하다고 할 수 있다.

그런데도 사람들은 어류에 대해 시큰둥한 반응을 보인다. 물고기를 굼뜬 멍청이쯤으로 치부하는 것이다. 그들은 바다 속에 쳐 놓은 거대한 그물에 걸려 올라오는 물고기들을 굳이 일일이 세려고조차 하지 않고 편하게 톤 단위로 표시한다. 물고기를 수족관 안의 '동물친구' 쯤으로 여기는 사람들은 수십 마리의 물고기들을 1평방미터도 안 되는 수족관에 몰아넣고는 그들이 그 안에서 아무런 문제없이 잘 살 것이라고 생각한다. 또 상어는 늘 영리한 포유류인 돌고래에게 당하고만 산다고 여긴다. 하지만 둘의 게임은 수백만 년 전부터 지금까지 계속 무승부 상태다. 그렇지 않았다면 상어는 일찌감치 돌고래를 그들의 식단에서 삭제해 버렸어야 한다.

인간이 흔히 갖는 선입견처럼 물고기는 멍청하지 않다. 영국의 행동 연구가 조너선 밸콤Jonathan Balcombe의 설명에 따르면 "물고기들은 호기심이 많으며 주변에 새로 등장한 대상을 주의 깊게 탐색한다." 예를 들어 물고기들은 헤엄치는 거북이 등을 넘어 다니는 것을 좋아한다. 양쥐돔은 아가미로 숨을 내쉰 다음 뽀글거리며 올라가는 기포를 갖고 장난을 친다. 상어는 돌고래의 음파를 예민하게 감지한다. 코끼리코물고기는 아가미 위에 달팽이를 올려놓고서 균형을 잡으려고 애를 쓴다. 한데 이 녀석에게는 조금 더 특이한 구석이 있다. 스웨덴의 연구팀은 코끼리코물고기가 들이마신 산소의 절반 이상을 뇌에서 사용한다는 사실을 밝혀냈다. 비교하자면 보통 척추동물의 경우 뇌에 사용되는 양은 2~8퍼센트이고, 인간도 20퍼센트를 넘지 않는다. 뇌의 산소 소비량은 뇌의 활성화 정도에 비례하기 마련이다. 우리 인간들이 어류에 대해 다시 한 번 생각해 봐야 할 대목이다.

물 없이도 살 수 있는 물고기 봤어?

생존에 물불 없다! 킬리피시!

과학자들은 놀라지 않을 수 없었다. 미국의 생태학자 스콧 테일러 Scott Tayler가 이끄는 연구팀이 벨리즈의 맹그로브습지를 탐험하던 중 한 연구원이 실수로 썩은 나무 그루터기에 부딪혔는데, 그 충격으로 바스러진 나무 그루터기 한가운데에서 물고기 한 마리를 발견한 것이다. 몸길이가 겨우 7센티미터 밖에 되지 않는 이 물고기는 놀라는 사람들을 쳐다보다가 퍼덕거림과 폴짝폴짝 뛰는 동작과 꿈틀거리는 움직임이 뒤섞인 희한한 모습으로 덤불 속으로 사라졌다. 연구팀이 탐험 중에 발견한 물고기는 점박이송사리라고 불리는 킬리피시의 일종이었다.

물고기가 가끔 육지로까지 진출한다는 것은 누구나 아는 사실이다. 역시 맹그로브습지에 서식하는 망둥어는 나무를 기어오르는 재주로 유명하다. 하지만 이 망둥어는 돌출된 눈과 팔처럼 보이는 가슴지느러미를 가지고 있어서 차라리 개구리에 더 가까워 보인다. 그런데 킬리피시의 경우는 다르다. 이 녀석은 진짜 물고기 모양을 하고 있으며, 특히 수컷들은 색깔이 매우 아름답기 때문에 수족관의 단골손님이다.

그래서 육지에서 돌아다니는 킬리피시를 상상하기란 정말 쉬운 일이 아니다. 그런데 막상 땅 위에서 점박이송사리를 보면 별 문제가 없어 보인다. 플로리다와 중남미의 맹그로브습지에 물이 마르면 킬리피시는 땅 위를 퍼덕대며 뛰어다닌다. 그런데 이들은 습지가 메마른 다음에야 이 카드를 꺼내는 것이 아니라, 수위가 낮아져 서로 몸을 부대낄 즈음이면 벌써 그러고 돌아다니기 시작한다. 테일러는 "수족관에서 이 물고기를 길러 본 사람이라면 누구나 이들이 서로를 견디지 못하고 상당히 공격적으로 행동한다는 사실을 알고 있을 것"이라고 설명한다.

맹그로브킬리피시는 최장 66일까지 육지에서 살 수 있다. 이 물고기는 썩은 나무 그루터기에서 자주 개미들과 섞여 살면서 마치 도를 닦듯이 이들의 번잡함을 참아 낸다. 그 밖에도 낙엽 아래, 코코넛 껍질 속, 게 껍질, 녹슨 맥주깡통 속에서도 종종 이들을 발견할 수 있다. 폐어 종류도 오랫동안 물을 떠나서 살 수 있다. 다만 킬리피시는 육지에서도 물질대사를 줄이지 않고 오히려 더 왕성한 식욕을 보인다는 차이가 있다. 육지의 킬리피시는 개미, 딱정벌레, 구더기 따위를 주로 잡아먹는데 이 곤충들은 뭍으로 놀러 나온 물고기 따위가 천적목록에 있을 턱이 없기 때문에 별 의심 없이 킬리피시에게 접근하다가 희생된다.

생물학자들은 맹그로브킬리피시가 장기간의 건기를 버텨 낼 뿐 아니라 소금물, 강한 더위, 환경의 산성화나 심한 오염 등에도 잘 견딘다는 사실을 입증했다. 이처럼 뛰어난 저항력 때문에 이 물고기들은 종종 진화의 위대한 희망으로 여겨지기도 한다. 특히 오늘날처럼 지구온난화와 환경오염이 점점 더 심각해지는 상황에서는 더욱 그렇다. 그런데 문제는 장기간 육지여행을 하는 킬리피시는 짝짓기를 하기가 어렵다는 점이다. 짝짓기 때 상대에게 수정에 필요한 체액을 전달하려면 물이 반드시 필요하기 때문이다.

이 문제를 해결하기 위해 맹그로브킬리피시는 자웅동체로 발전했다. 이들은 자신에게 필요한 암컷이나 수컷을 기다리는 대신 아무나 마주치는 상대를 파트너로 택한다. 또 상대를 전혀 만나지 못할 때는 스스로를 복제로 재생산하여 번식 문제를 해결한다. 다시 말해 정 어쩔 수 없을 때는 섹스 없이도 번식이 가능하다.

그런데 이런 무성생식에는 몇 가지 취약점이 있다. 무엇보다도 상이한 유전자의 뒤섞임을 통해 유전적 오류를 보정할 가능성이 없는 관계로 '사고'가 일어나기 쉽다. 또 새로운 개체를 만들어 내지 못한다. 서로 다른 두 개체의 짝짓기를 통해 유전적으로 새로운 조합을 만들어 내는 일이 불가능하기 때문이다. 튀빙겐 대학의 동물학자 니콜라스 미셸의 설명에 따르면 "오로지 자기복제에 의존하는 생물은 원칙적으로 변

화하지 않으며 기껏해야 돌연변이를 만들어 낼 뿐이다." 그 결과 이들은 환경의 변화에 적절히 반응할 수 없게 된다. 이런 탓에 킬리피시는 감염에도 취약하다. 이들의 면역체계가 주변에서 끊임없이 변하는 미생물에 대응하지 못하기 때문이다.

결론적으로 무성생식은 생명의 유연성을 저하시킨다. 이 관점에서 보면 맹그로브킬리피시의 강한 생명력은 조금 다르게 해석될 필요가 있다. 이들의 강한 생명력은 뛰어난 적응력 덕택이 아니라 오히려 그와 정반대의 산물로 보아야 한다. 다른 물고기들은 물이 마를 위험이 있으면 물이 충분한 곳으로 이동하지만 킬리피시는 기를 쓰고 썩은 나무 그루터기나 녹슨 맥주깡통 속으로 들어가서 각종 독성물질과 소금과 산을 먹으며 버틴다. 단지 맹그로브 고향을 떠나기 싫다는 이유에서 말이다. 이들은 더 살기 좋은 집을 찾기보다 차라리 재앙을 감수한다. 킬리피시가 생존의 대가가 된 것은 바로 이런 '비유연성' 덕택이다.

물론 이 같은 전략이 과연 장기적 비전을 가질 수 있을지는 의문이다. 인간 사회만 보더라도 고통을 무한히 감내하는 능력을 지니고서 힘들게 일만 하는 사람들은 대개 역사에 업적을 남기기보다는 잔인한 싸움터에서 희생된다. 킬리피시의 문제는 감염에 취약하다는 데 그치지 않는다. 지난 20여 년간 맹그로브습지의 면적은 25퍼센트나 감소했다. 킬리피시의 서식지가 무서운 속도로 줄어들고 있는 것이다. 그러나 육지에서 살아가는 이 물고기는 강인한 생활력과 더불어 막무가내의 고집을 지녔으니 아마도 최후의 순간이 닥칠 때까지 강제철거에 굳세게 저항할 것으로 보인다.

배고픈데 어떡해?

입 안에 알을 품는 동갈돔의 딜레마

아메바는 자손 문제를 걱정할 필요가 전혀 없다. 무성으로 증식하는 아메바는 간단히 자신을 반으로 쪼개어 두 개체가 되기 때문이다. 이렇게 둘로 나뉜 아메바는 그 전의 어미보다 덩치는 조금 작지만 상태나 기능은 그에 못지않게 양호하다. 그런데 다세포동물들의 경우는 조금 다르다. 다세포동물은 수정된 난자가 성숙한 유기체로 자라나기까지 일정한 시간을 필요로 한다. 따라서 다세포동물의 2세는 처음에는 약하고 도주능력도 떨어지기 때문에 적들에게 쉽게 희생되는 경우가 많다. 다세포동물들이 종의 보존을 위해 엄격한 '청소년 보호정책'을 펴야만 하는 이유다.

동물들의 2세 보호전략은 매우 다양하다. 캥거루는 출생 당시 몸무게가 1그램도 채 되지 않는 작은 새끼를 주머니에 넣고 다닌다. 코끼리 새끼는 암컷 대장이 이끄는 무리의 보호 속에서 자라난다. 북아프리카 초원에 서식하며 검은지빠귀 정도의 몸집을 지닌 새인 꼬리치레는 뱀이 접근하면 요란한 날갯짓과 울음소리를 내며 뱀의 관심을 다른 곳으로 유도하여 새끼를 지킨다. 또 단순하게 물량으로 밀고 나가는 동물들도 있다. 세이셸군도에서는 단 한 군데의 둥지에 무려 242개의 알을 낳은 대모거북이 과학자들에 의해 발견되기도 했다. 하지만 대모거북은 개복치에 비하면 아무것도 아니다. 개복치는 세계에서 가장 큰 경골 어류인데 태평양에서 어부들이 잡은 한 암컷은 무려 3억 개에 달하는 알을 배고 있었다. 그러니 그중에서 몇 십 마리, 아니 몇 백 마리의 새끼가 적의 뱃속으로 들어간다 한들 무슨 문제가 되겠는가.

한데 동갈돔의 새끼 보호는 특히 기발하다. 동갈돔은 동물의 세계에서는 드물게 수컷이 새끼를 돌본다. 동갈돔 수컷의 전략은 입 안 가득 알을 품는 것이다. 물론 무엇을 한 입에 가득 무는 습성은 다른 수컷들에게서도 빈번히 나타나는 현상이기는 하다. 동갈돔은 그렇게 수정된 알을 입 속의 턱주머니throat pouch에 품고서 부화될 때까지 지낸다. 이같은 수컷의 '임신기간'은 최고 2주일까지 계속된다. 아빠가 될 수컷은 2주 동안 부풀어 오른 뺨을 한 채 헤엄쳐 다녀야 하는데, 입 안 가득 알을 물었으니 아무것도 먹지 못하는 것은 당연하다.

동갈돔이 아버지로서의 의무를 모범적으로 수행한다고 성급하게 감탄할 필요는 없다. 동갈돔은 천성적으로 날씬한 편에 속하여 축적된 지방이 많지 않다. 따라서 알을 입에 넣은 직후부터 배고픔에 시달리기 시작하는데, 사실 무척 자주 이 배고픔을 이기지 못한다. 일본의 과학자들이 임신 중인 동갈돔 수컷의 배를 조사해 보았더니 놀라울 정도의 많은 알이 그 안에 들어 있었다. 조사에 따르면 수컷들은 이런 식으로 부화 예정일 직전까지 약 29퍼센트의 새끼들을 먹어 치우는 것으로 나타났다.

또 많은 수컷들은 공기를 마시지 못해서 알을 뱉어 버리기도 한다. 물고기는 입을 통해 산소가 풍부한 물을 빨아들인 후 아가미로 내보내는 식으로 호흡을 한다. 그런데 입 안 가득히 알을 품고 있으면 숨쉬기가 어려워진다. 게다가 밤이 되어 해조류들이 활동을 멈추면 수중 산소 함량이 낮아지면서 동갈돔의 호흡은 더욱 힘들어진다. 동갈돔은 이제 제 목숨을 구하기 위해 입 안의 새끼들을 무방비 상태로 밖으로 뱉어 버린다. 배고픔은 어찌어찌 견딜 수도 있지만 질식사의 두려움은 극복하기가 더 어렵다.

자손을 위해 기꺼이 자신을 희생하지 않는다고 뭐랄 사람은 아무도 없다. 하지만 그렇다면 동갈돔은 왜 이런 힘든 출산 방식을 고수하는 걸까? 그렇게 하여 알을 적에게서 보호할 수는 있겠지만, 어차피 수컷이 수정된 알을 상당량 먹어 버리거나 뱉어 내기 때문에 차라리 그냥 물에다 알을 낳는 게 편할 텐데 말이다. 실제로 두 방식 모두 알의 손실량이 40~60퍼센트로 거의 차이가 없다. 이런 2세 보호전략이 별 소용이 없음은 뱅가이카디날피시banggai cardinal fish를 비롯한 몇몇 종의 동갈돔들이 현재 멸종 위기에 처해 있는 데서도 잘 드러난다. 하지만 이들의 수가 좀처럼 회복되지 않는 것이 비단 수컷들의 탓만은 아니다. 그 사이 알록달록하고 예쁜 동갈돔을 수족관에서 즐기고 싶어 하는 사람들이 크게 늘어나서, 인도네시아에서만 한 해에 70만 마리가 넘는 동갈돔이 포획되어 대부분 유럽, 일본, 미국 등지로 보내지고 있다.

외모지상주의가 아니야, 생존을 위한 본능일 뿐

바다 속의 탐미주의자 구피

한번 상상해 보라. 당신은 누군가와 레스토랑에서 데이트를 하기로 약속했다. 당신은 지금 마치 처음 학교에 등교하는 아이처럼 기대에 부풀고 설렌다. 그런데 하필이면 이때 오른쪽 뺨에 보기 흉한 여드름이 돋아난 것이다. 화장으로 가리려 해도 소용이 없다. 어떡해야 할까? 고민 끝에 당신은 여드름을 숨기기로 결심한다. 데이트 당일에 당신은 마주 보고 앉은 상대의 눈이 매끈한 왼쪽 뺨만 보도록 무척 조심을 한다. 손이나 와인 잔으로 계속 여드름을 가리는 방법도 있다. 하지만 이것은 쉽지도 않을 뿐더러 태도도 우아하지 않고 어색해 보인다. 아무튼 당신은 여드름 가리는 일에 몰두하느라 대화에 집중하기가 어려울 지경이다. 그런데 데이트 상대가 갑자기 일어나 당신의 오른편을 지나 화장실로 가려 한다. 당신은 화들짝 놀라며 손을 오른쪽 뺨으로 가져가려다 그만 와인 잔을 엎지른다. 참 민망한 일이 아닐 수 없다.

상대방도 분명히 언젠가는 당신의 행동이 이상하다는 사실을 알아차릴 것이다. 상대에게 잘 보이려고 한 일임에도 결국 그는 황당하다는 표정으로 당신을 쳐다보게 될 것이다. 와인을 다시 따라 주는 종업원의 따가운 시선은 애써 무시하더라도 말이다. 차라리 데이트를 미루거나 아니면 "뽀얀 얼굴로 집에 있느니 여드름이 나도 반드시 데이트는 한다"는 각오로 여드름에 반창고를 붙이는 편이 더 좋았을 텐데, 속임수를 쓰려다 공연히 점수만 깎인 것이다!

이 이야기는 실제 모습보다 더 예쁘게 꾸미려고 하다가는 오히려 파트너시장에서 득보다 실이 더 많다는 걸 보여 준다. 그런데 이런 행동은 대용량의 뇌 덕택에 천부적 사기꾼 자질이 있는 인간에게서만 나타나는 게 아니다. 단순하지만 대신 정직하리라고 여겨지는 물고기에게서도 이런 모습들이 발견된다.

외모를 중시하는 물고기일수록 사기를 쳐서라도 자신을 뽐내려는 욕구가 크다. 원래 트리니다드와 아마존 북부 출신이지만 지금은 현란한 색채와 미모로 수족관의 인기스타가 되어 전 세계에 퍼져 있는 구피도 그중 하나다. 특히 미모를 뽐내려는 쪽은 수컷이다. 수컷은 꼬리지느러미를 제외한 몸길이가 3센티미터가 채 안 되어 암컷의 절반 크기밖에 되지 않지만 부채처럼 펼쳐진 꼬리지느러미를 중심으로 오렌지빛깔의 멋진 얼룩무늬를 지니고 있다. 이 얼룩무늬의 목적은 단 한 가지, 짝짓기 상대를 찾는 것이다.

물론 구피의 섹스는 재미와는 다소 거리가 있어 보인다. '고노포디움 gonopodium'이라 불리는, 항문지느러미에서 발달한 수컷의 생식기는 작은 관의 역할을 하여 암컷의 몸 안에 정자를 넣어 준다. 이 짝짓기용 지느러미는 섬세하지도 않고 부드럽지도 않기 때문에 암컷은 짝짓기 중에 상처를 입어 염증이 생긴다. 이 염증은 상처를 부풀어 오르게 만들어 정자가 밖으로 빠져나가는 것을 막아 준다. 구피 암컷이 입은 '사랑의 상처'는 이처럼 충분히 생리학적인 의미를 갖는다. 결국 구피는 번식이라는 구체적 목표를 위해 사도마조히즘적 섹스를 벌이는 것인데, 자연에서 이런 식의 짝짓기가 벌어지는 경우는 매우 드물다고 한다.

문제는 구피 암컷이 이 피학적 섹스의 상대로 과연 어떤 수컷을 선호할 것이냐다. 재밌게도 암컷의 선택기준이 어떻든 구피 수컷은 무조건 잘 생겨야 암컷에게 선택 받을 확률이 높다고 믿는 것 같다. 하지만 유감스럽게도 그 멋지고 자랑스러운 오렌지색 얼룩무늬는 몸 양쪽에 골고루 퍼져 있지 않다. 수컷의 외모는 암컷이 어느 쪽에서 보는가에 따라 크게 달라진다. 이 때문에 수컷은 암컷에게 가능한 한 더 예쁜 쪽만 보여 주어 자신의 얼룩무늬가 얼마나 화려한지를 과시하고 싶어 한다. 수컷이 자신의 어느 쪽이 더 예쁜지를 어떻게 알 수 있는지는 과학자들에게도 여전히 수수께끼다. 수컷이 거울을 보는 것도 아니며, 설령 거울을 본다 하더라도 자신이 보는 대상이 누구인지 평가할 능력은 없을 테니 말이다. 어쨌든 수컷들이 예쁜 쪽만 보여 주려고 갖은 수를 다 쓴다는 사실은 과학적으로 이미 입증된 사실이다. 더욱 흥미로운 사실은 더 예쁜 쪽의 오렌지색 얼룩무늬와 그렇지 않은 쪽의 얼룩무늬 수가 평균 9퍼센트밖에 차이를 보이지 않는다는 점이다.

만약 수컷이 실제로 이 9퍼센트의 차이 때문에 암컷에게서 점수를 딴다면 그의 섬세한 정확성과 속임수의 노고는 충분한 가치가 있다고 하겠다. 그런데 실제로는 그렇지 않은 것 같다. 토론토 대학의 한 연구팀은 굳이 한 쪽만 집중해서 과시하는 수컷의 행동에 암컷들이 매료된다는 증거를 전혀 발견할 수가 없었다. 그렇다면 수컷은 왜 그렇게 애를 쓰는 걸까? 구피 수컷이 아무리 등을 한껏 구부리고 힘겹게 헤엄을 치더라도 암컷들은 전혀 관심이 없다는데 말이다. 모든 형태의 에너지 낭비를 가차 없이 벌하는 진화 과정에서 이런 무의미한 행동은 정말 기이한 현상이 아닐 수 없다.

구피 수컷의 별난 행동은 여기서 그치지 않는다. 몇 년 전 멕시코의 수족관 애호가들이 구피 수컷들을 바다와 강에 방류한 적이 있다. 그러자 얼마 지나지 않아서 이 물고기들이 구피 암컷과 매우 비슷하게 생긴 두줄무늬송사리 암컷에게 덤벼들어 짝짓기를 시도하는 모습이 발견되었다. 물론 다른 종의 '처녀'를 정복하는 일은 모두 실패로 돌아갔지만, 구피 수컷들의 이런 별난 구애는 두줄무늬송사리들의 짝짓기를 심각하게 교란시켰다. 그 결과 이 지역에 서식하는 두줄무늬송사리의 수가 지난 수년 간 위협적인 수준으로 감소하고 말았다. 한 종의 별난 행동이 다른 종에게 재앙에 가까운 결과를 초래할 수도 있음을 잘 보여주는 사례다.

사랑한다면 임신까지 대신해 줄 수 있어
수컷 해마의 헌신적 사랑

홍콩을 비롯한 아시아 대도시의 시장에서는 해마가 날개 돋친 듯 팔린다. 아시아의 전통의학에서는 해마를 일종의 만병통치약으로 보기 때문이다. 그곳 사람들은 해마를 가루로 만들어 먹으면 천식, 인후통, 발기부전, 불임, 기면상태, 탈모, 복부팽만, 광견병 등 인간에게서 나타나는 거의 모든 질병에 도움이 된다고 말한다. 게다가 해마는 관광객들이 즐겨 찾는 기념품이기도 하다. 이런 이유들로 그곳 시장에서는 매년 수백만 마리의 해마들이 거래되고 있다. 종의 보존을 목적으로 체결된 2004년 워싱턴조약에 따라 해마의 포획이 제한되어야 마땅하지만 현실은 그렇지 못하다. 이런 추세가 계속된다면 해마의 앞날이 어떻게 될지는 불을 보듯 뻔하다.

사실 위에 언급된 해마의 약효는 모두 그 근거가 희박하다. 발기부

전의 경우는 아마도 해마가 다른 물고기와는 달리 위아래로 헤엄치기 때문에 정력제라는 명성을 얻게 되었으리라 추측된다. 수직으로 도약하는 해마가 남성의 성기도 같은 방향으로 세워 주리라는 믿음에서 말이다. 하지만 코뿔소나 아스파라거스도 수직으로 상승하는 형태를 자랑하기는 마찬가지다.

이런 원시적인 믿음 때문에 진기하기 그지없는 어떤 동물이 멸종된다면 이는 한없이 유감스러운 일이 될 것이다. 해마는 실제로 여러 가지 면에서 특별한 동물이다. 녀석은 4천만 년 전에 이미 진화를 끝냈다. 해마의 현재 모습은 바다에서 처음으로 고래가 헤엄치기 시작하고 육지에서는 최초의 원숭이들이 나무 위로 기어오르던 시절의 그것과 거의 일치한다. 이는 해마가 유전적으로 유연하지 못하다는 의미이기도 하지만, 오랜 세월 진화의 다양한 단계들을 거치는 동안에도 별다른 변화의 필요성을 못 느낄 만큼 충분히 완벽하게 만들어졌다는 증거이기도 하다. 하지만 해마에게는 이런 완벽함을 의심케 만드는 '진화적 불합리성'도 동시에 발견된다. 어쩌면 해마는 완벽하지 못한 별종도 진화과정에서 충분히 살아남을 수 있음을 보여 주기 위해 그렇게 오랜 세월을 생존하고 있는지도 모른다.

10년 넘게 해마를 연구해 온 미국 볼티모어 국립수족관 해마사육소의 호르헤 고메수라도Jorge Gomezjurado 소장은 해마의 아름다움과 특별함에 완전히 매료된 과학자다. 하지만 그조차도 자연이 무슨 이유로 해마를 그렇게 만들었는지에 대해서는 여전히 의문을 품고 있다. 그는 "아마 창조주께서 한잔 거하게 걸치시고 해마를 만드신 모양"이라며

웃는다. 물론 나쁜 뜻으로 한 말은 아니며 신을 모독하려는 의도는 더더욱 아니다. 고메수라도 소장은 가톨릭교도인 아일랜드인 어머니에게서 태어났으며, 독실한 가톨릭국가인 에콰도르에서 유년시절을 보낸 인물이기 때문이다. 그러나 아무리 독실한 신자라도 해마를 관찰하다 보면 지구의 역사에서 우연도 꽤 중요한 역할을 할 수 있다는 걸 터득하게 되는 모양이다.

해마는 생물학적으로 물고기로 분류된다. 하지만 트럼펫 같은 주둥이, 돌돌 말린 꼬리, 엄청나게 잘 돌아가는 왕방울 눈을 가진 이 귀여운 해양거주자는 좀처럼 물고기로 인식되지 않는다. 게다가 해마는 통통거리며 위아래로 이동하면서 수직으로 헤엄을 친다. 이럴 때 해마의 등지느러미는 펄럭이는 말갈기를 연상시킨다. 이 때문에 고대인들은 해마가 바다의 신 넵튠의 마차를 끌던 말의 후예라고 생각했다.

해마의 겉모습보다 더 특이한 것은 이들의 번식 방법이다. 해마가 짝짓기를 할 때 추는 감미로운 사랑의 춤은 환상적이다. 평소에는 평범한 갈색인 이들의 몸은 춤을 추는 동안 노란 크림색으로 '달아오른다.' 해마 커플은 서로 몸을 비비고 애교를 부리듯 머리를 가슴에 기댄다. 그러고 나서는 사람들이 나무를 에워싸고 윤무를 추듯이 해초 줄기 하나를 가운데 두고 춤을 춘다. 실제로 짝짓기가 이루어지기까지 이 예식은 몇 시간 동안이나 계속되기도 한다.

춤의 마지막 단계에서 수컷이 몸을 절반 정도 꺾으면 수컷의 배는 물로 가득 찬다. 이 모습이 암컷에게는 참을 수 없는 유혹으로 작용한다. 절정의 순간 암컷은 자신의 알을 파트너의 주머니에 가득 넣고, 수컷은

자신의 정자로 뱃속의 난자들을 수정시킨다. 잠시 후 암컷은 수컷의 곁을 떠나고 홀로 남은 수컷은 혼미한 상태가 되어 아래로 가라앉는다. 수컷은 몸을 이리저리 움직여 알들이 하나도 빠짐없이 주머니 안에 안전하게 자리를 잡고 산소를 공급 받을 수 있도록 조치한다. 이쯤 되면 해마는 암컷이 아니라 수컷이 임신한다고 해야 할 것이다.

해마 수컷은 보통 암컷의 몫인 임신과 출산의 전 과정을 혼자 겪는다. 일례로 인간 여성의 경우 출산을 하면 젖이 나오도록 유도하는 호르몬인 프로락틴이 생산되는데, 해마 수컷에게 분비되는 이 호르몬은 수정란들에 풍부한 영양액을 공급하는 역할을 한다. 해마 예비아버지는 이로 인해 엄청나게 몸이 부풀어 올라 마치 동그란 찹쌀도넛처럼 된 채로 이리저리 비틀거리며 다닌다. 적의 입장에서는 공격하기에 안성맞춤인 상태이지만 다행히 해마에게는 이렇다 할 천적이 없다. 뼈처럼 딱딱한 껍질 때문에 먹기가 어려워서 대부분의 물고기들은 어쩌다 해마를 삼키더라도 곧바로 뱉어 내고는 다시는 먹으려 들지 않는다. 어쩌면 도넛 모양의 생김새가 생존경쟁에 더 유리한지도 모르겠다. 실제 도넛처럼 아주 맛이 좋지만 않다면 말이다.

　해마의 임신기간은 그 종류와 수온에 따라 최고 6주에 달한다. 임신기간을 다 채우면 대부분 밤중에 산통이 시작된다. 수컷은 수백 마리의 새끼를 낳기 위해 몇 시간이나 몸을 웅크리고 끙끙 앓는다. 해마의 출산은 인간의 경우와 마찬가지로 고통이 수반된다. 해산 후 몸을 회복할 시간도 별로 없다. 고된 출산에 이어 곧바로 또 임신을 하기 때문이다. 출산 다음 날 바로 임신하는 경우도 빈번하다. 그러니 해마 수컷의 삶은 번식을 위한 스트레스의 연속이다. 종족보존에 대한 모든 책임은 그의 자그마한 어깨에 지워져 있다.

　그렇다면 자연은 왜 해마 수컷에게 이러한 운명을 지워 주었을까? 척추동물의 성역할은 일반적으로 그 반대다. 대부분의 수컷들은 이른바 '뿌린 후 내빼기' 원칙에 따라 행동한다. 정자만 제공하면 할 일을 다 하는 셈이다. 반면에 암컷은 임신, 출산, 양육에 많은 시간과 노동을 투자해야 한다. 대신 암컷에게는 파트너 선택권이 주어지고 수컷은 암컷의 환심을 사기 위해 같은 수컷끼리 힘겨운 경쟁을 해야 한다.

　그러나 해마의 경우는 다르다. 여기서는 수컷이 온갖 고생을 하기 때문에 성역할의 분배가 뒤바뀐 것이 아닐까 하는 추측을 하게 된다. 하지만 꼭 그렇지만도 않다. 수컷을 얻기 위해 암컷끼리 경쟁하는 일은 해마에게는 벌어지지 않는다. 또 암컷을 얻기 위한 수컷 간의 싸움도 없다. 해마의 사랑은 실제로도 매우 사랑스럽게 진행된다. 뽐내지도 않고 싸우지도 않으며 위계질서나 서열 다툼도 없다. 일부다처도 없고 질투도 없다. 해마들은 전혀 흠잡을 데 없는 일부일처제를 유지한다. 암컷과 수컷은 평생 함께 산다. 이는 동물의 세계에서는 매우 드문 일이다. 해마 부부는 늘 신혼부부처럼 사이가 좋다. 매일 아침 해가 뜬 직후 수컷은 산호나 해초에서 암컷을 기다린다. 둘이 만나면 곧바로 바다 속 산책이 시작된다. 이때 둘은 마치 그 어느 것도 그들을 갈라놓을 수 없다는 듯이 서로 꼬리를 감고서 다닌다.

파트너가 죽으면 남은 쪽이 다시 새 파트너를 찾아 나서기까지 꽤 오랜 시간이 걸린다. 새 파트너를 만난다 해도 이 관계에서는 첫 번째 파트너와의 관계에서보다 훨씬 적은 수의 자손이 생산된다. 또 해마는 한 쌍이 찰떡같이 붙어 다니기 때문에 사람들이 쳐 놓은 그물에도 한 쌍이 같이 잡히는 경우가 많다. 그물에 해마가 한 마리 걸려들면 그 파트너도 곧 그물 속에서 함께 팔딱거릴 가능성이 높기 때문이다. 이처럼 해마 부부는 어디든지 함께 간다. 죽음이 확실시되는 곳이라도 예외는 아니다. 셰익스피어 같은 대작가조차도 이보다 더 멋진 사랑의 드라마는 생각해 내기 쉽지 않을 것이다.

그런데 위대한 비극의 소재로 좋을 법한 이들의 습성이 종의 생존에도 반드시 유리한 것은 아니다. 재빨리 새로운 짝짓기 상대를 찾는 대신 죽을 때까지 진정한 사랑에만 충실하면 유전자를 전달할 기회를 많이 놓치게 되기 때문이다. 더군다나 동물의 엄격한 일부일처제는 유전적 변화의 가능성을 낮추기 때문에 적응력 저하의 문제를 초래하기도 한다. 또 일부다처제에서는 가장 힘세고 뛰어난 수컷이 암컷을 차지하지만 일부일처제에서는 약하고 적응력이 떨어지는 개체들도 번식을 하게 되는 문제도 있다.

뒤바뀐 암수의 성역할이 해마에게 어떤 이득을 가져오는지는 아직

까지도 정확히 밝혀지지 않고 있다. 해마에게도 암컷이 알을 품고 수컷
의 정자를 받아들이는 고전적 방법이 원칙적으로 가능하기 때문이다.
어쩌면 진화는 해마를 통해 인간에게 뭔가를 가르쳐 주고 싶었는지도
모른다. 인간에게도 원칙적으로 다른 방법이 가능했으며, 여성이 임신
을 하고 번식의 성공에 대한 주된 책임을 떠맡게 된 것은 순전히 우연
에 의한 결과일 수도 있다는 말이다. 남자들은 거들먹거리며 게으름을
피우고 싶은 마초본능이 솟구칠 때마다 이를 되새겨 볼 일이다.

03 양서류

건조한 세상을 살아가기에는 너무 예민한 생물

동물학자들은 양서류가 진화 과정을 지나며 완전히 물에서 독립하지 못해 수생동물과 육생동물로서 이중생활을 하게 되었다고 생각한다. 성인이 된 양서류는 육지에서 살지만 피부호흡을 하기 때문에 늘 물과 접촉해야 한다. 또 새끼 때는 지느러미나 아가미 같이 물고기에게서만 볼 수 있는 기관들을 갖추고 전적으로 물속에서 생활한다. 이런 이유로 양서류의 학명은 그리스어로 양쪽 모두를 뜻하는 '암피amphi'와 생명을 뜻하는 '비오스bios'의 두 단어가 조합된 합성어 '암피비아Amphibia'라고 불린다.

그렇다면 정말 양서류는 물로부터 완전히 독립하는 데 실패한 것일까? 양서류는 위대한 도약에 실패한 열등한 생물일까? 아니면 반대로 물과 육지를 모두 정복한 생존의 대가인 것은 아닐까?

유감스럽게도 현재로서는 열등이론이 좀 더 유력하다. 그 근거는 최근에 50명의 명망 있는 과학자들이 양서류의 종 전체에서 셋 중 하나는 멸종 위기에 처해 있다고 과학잡지 《사이언스》에 경고한 데서 찾을 수 있다. 현재의 기후 변화가 지구를 건조하게 만들어 습도의 균형에 변화를 초래했는데, 양서류는 이에 적절하게 대처할 능력이 떨어진다는 것이다. 그래서 질병을 앓거나 말라 죽는 개체들이 많이 발생하고 있다. 다시 말해서 이중의 삶은 양서류에게 축복이나 고도로 발달된 생존전략이 아니라 불행한 운명일 뿐이다.

자연이 양서류에게서는 조금 지나치게 실험정신을 발휘한 것이 아닐까 라든가, 인류가 기후 변화를 초래하지 않았다면 아무런 문제도 없었을 것이라는 등의 생각은 별 의미가 없다. 분명한 사실은 양서류가 현재 상당한 타격을 받고 있으며, 이들을 위기로부터 구해 낼 수 있는 유일한 주체는 아마도 인간이 될 거라는 점이다.

속임수에 능한 자만이 미녀를 얻는 법

녹색개구리의 짝짓기 팁!

양서류 중에서 가장 다양한 종을 지닌 생물은 개구리다. 지구에는 현재 5,500종이 넘는 개구리들이 서식하고 있다. 따라서 이들이 진화의 성공모델이라는 데는 의심의 여지가 없다. 그런데 최근 들어 사정이 크게 악화되었다. 개구리 울음소리가 영영 사라질 정도는 아니지만 생존을 위해 힘겨운 싸움을 벌여야 할 수준에 이른 것은 맞다. 과학자들의 추측에 따르면, 현재 매년 10여 종의 개구리가 멸종하고 있다고 한다. 이는 6천5백만 년 전 공룡이 멸종하던 때 이래 최대 규모다.

개구리에게 닥친 위기의 주요 원인은 기후 변화로 인해 개구리 서식지의 물수지water balance에 변화가 초래되었기 때문으로 추측된다. 양서류인 개구리에게는 주변 환경의 습도가 적절히 유지되는 것이 매우 중요하다. 개구리는 능동적인 사냥꾼이기도 하고 또 수많은 동물들의 먹잇감이기도 하여서 이들의 멸종은 생태학적으로 재앙이 될 것이다. 게다가 이것은 우리의 청각에도 무척이나 아쉬운 일이다. 새는 지지배배 노래하고, 사자는 포효하고, 개는 멍멍 짖고, 마멋들은 휘파람 소리를 내고, 돌고래는 꾸루룩거리지만 개굴개굴하고 우는 것은 개구리밖에 없다. 다른 어떤 동물도 개구리처럼 울지 못한다.

가장 인상 깊게 우는 개구리 중 하나는 미국의 습지에 서식하는 녹색개구리다. 이 녹색개구리는 4~5세가 되어야 번식능력을 갖는데, 이는 개구리로서는 이례적으로 늦은 나이다. 하지만 왕성한 욕구는 나이에 개의치 않는다.

수컷들은 4월이 되면 암컷보다 먼저 겨울잠에서 깨어나 산란장소로 향한다. 짝짓기를 준비하기 위해서다. 미리 터를 다져 놓은 수컷들은 암컷들이 깨어날 무렵이 되면 성대한 구애의 연주회를 연다. 암컷을 유혹하는 울음소리는 개구리의 목과 울음주머니에서 만들어진다. 울음주

머니는 증폭기 역할을 하여 특히 저음
부에서 큰 소리가 나도록 도와준다.
일반적으로 울음소리가 낮고 굵
을수록 울음주머니가 크며,
울음주머니가 큰 수컷일수록
힘과 정력이 세다. 따라서 암

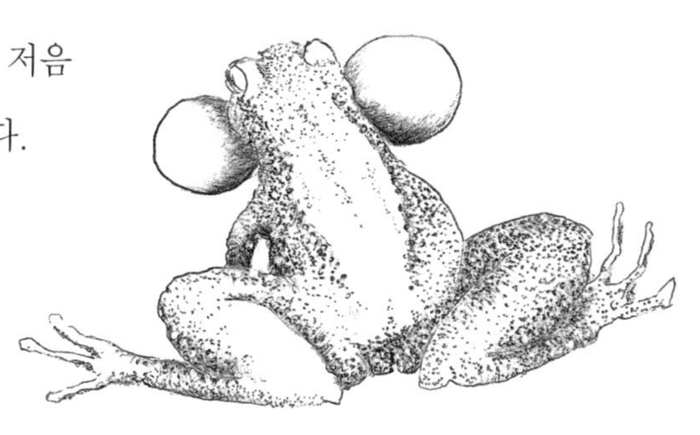

컷은 가장 저음이면서 소리가 가장 큰 바리톤을 남편으로 택하면 된다.

그런데 최근 진화가 만들어 낸 새로운 게임 탓에 암컷이 파트너 선택에서 잘못된 결정을 내리는 비율이 점점 높아지고 있다. 저음의 우월한 수컷 곁에 이른바 '위성 수컷'들이 포진하는 것이다. 이들은 멋진 연주를 들려주는 개구리보다 신체적으로나 울음소리로나 성숙도가 확실히 떨어짐에도 불구하고 짝짓기에 참여하려고 시도한다. 이를 위해 위성 수컷들은 두 가지 전략을 개발했는데, 하나는 멋진 연주를 하는 수컷을 표적으로 삼고 그 옆에 숨어 있다가 그를 향해 다가오는 암컷과 먼저 몰래 짝짓기를 해버리는 전략이다. 멋진 저음의 개구리는 대부분 이를 전혀 눈치 채지 못하거나 이미 늦어버린 다음에야 비로소 알아차린다. 그리고 짝짓기를 한 암컷은 위성 수컷을 자신이 선택한 우월한 수컷으로 여기기 때문에 아무런 저항도 하지 않는다.

두 번째 전략은 속임수의 정도가 더 심하다. 위성 수컷은 자신의 울음소리를 변조하여 우월한 수컷의 울음소리보다 순간적으로 더 낮은 음이 나도록 억지로 주파수를 낮춘다. 이 상태를 오래 지속할 수는 없지만 한순간 신체조건과 목소리가 더 우월한 경쟁자를 깜짝 놀라게 하여 내빼도록 만들 수는 있다. 그렇다면 우월한 개구리들은 왜 이런 사기꾼을 쫓아 버리지 않는 걸까? 문제는 우월한 개구리가 위성 개구리를 볼 수 없다는 데 있다. 위성 개구리는 낮은 저음을 낼 때 의도적으로 눈에 띄지 않는 곳에 숨는다. 그러니 우월한 개구리는 굵은 저음이 자신보다 더 강한 경쟁자에게서 나온다고 믿을 수밖에 없어서 그와의 대결을 피하게 된다.

과학자들의 관찰에 따르면 위성 수컷들의 사기수법은 비교적 성공률이 높아서 실제로 암컷을 차지하는 경우가 빈번하다. 유전자 전달이라는 관점에서 그 후손은 당연히 강한 개구리가 아닌 약한 개구리의 유전자를 물려받게 된다. 하지만 지금까지 녹색개구리들이 멸종의 위협에 시달리지 않는 것을 보면 이것이 종의 보존에 미치는 영향은 대단치 않은 것 같다. 그도 그럴 것이 녹색개구리들은 같은 속임수를 동족에게만이 아니라 다른 종의 적들에게도 잘 쓰기 때문이다. 녹색개구리는 포식자를 만났을 때 사향 비슷한 독한 냄새 때문에 그들이 극도로 꺼리는 밍크개구리의 외모를 흉내 낸다. 그래서 많은 천적들은 시끄러운 녹색개구리를 고약한 냄새를 풍기는 밍크개구리로 착각하여 건드리지 않는다. 가끔은 너무 솔직한 힘자랑보다 교활한 사기극이 나을 때도 있다.

남편 바람기에는 매질이 특효약
도롱뇽 암컷의 독기 어린 질투

도롱뇽은 그다지 활동적인 동물이 아니다. 기어오르고 달리고 헤엄치는 실력은 나쁜 편이 아니지만 허파가 없는 변온동물로서 오로지 피부로만 호흡하기 때문에 물질대사율이 아주 낮다. 그래서 체온이 높이 상승하는 경우가 드물다. 도롱뇽의 일상은 바위에서 일광욕을 하고 가끔씩 풍뎅이나 지네를 잡아먹고 섬세한 코로 적을 경계하는 정도가 전부다. 하지만 경계를 할 때도 별로 열심이지 않다. 까마귀나 주머니쥐에게 잡히면 고약한 점액을 분비하거나 아니면 꼬리를 떼어 주고 도망친다.

한마디로 도롱뇽의 삶은 단순하다. 그러나 조용한 물이 깊은 법이다. 원래 일부일처인 붉은등도롱뇽 수컷들은 가끔씩 바람을 피우기도 하는데 그 대가로 배우자로부터 호된 매질을 당한다.

루이지애나 대학의 과학자들은 도롱뇽들의 부부싸움을 좀 더 자세히 관찰해 보기로 했다. 그들은 북아메리카에 서식하는 붉은등도롱뇽들을 실험실로 가져와서 수컷들을 파트너와 떼어 놓았다. 일부 수컷은 그냥 홀로 놔두고, 나머지는 다른 암컷들과 함께 두어 바람을 피우도록 유도했다. 그리고 며칠 후에 수컷들을 모두 원래의 파트너에게 돌려보냈다. 그러자 그동안 홀아비로 지냈던 수컷들은 마치 출장에서 돌아온 듯이 부부관계를 계속할 수 있었다. 그런데 다른 암컷의 냄새를 피부에 묻혀서 돌아온 수컷들은 분노한 암컷이 내리는 벌을 받아야 했다. 암컷은 불성실한 남편 앞에서 위협적으로 몸을 부풀리고 마치 방망이로 내려치듯이 꼬리로 남편을 때렸다. 그래도 성이 차지 않아 주둥이로 세게 무는 암컷들도 있었다. 동물의 세계에서는 매우 이례적인 거센 질투심의 분출이다.

암컷에게
사실 질투는 전혀
의미가 없다. 위의 예처럼 자진
해서 집으로 돌아온 수컷은 앞으
로도 성실하게 아내를 돌볼 것이며,
따라서 먹이 걱정 없이 오직 새끼 돌보는 일에만 전념하면 그만이다.
이혼이나 생계에 대한 두려움 때문에 자신을 속이고 이따금씩 바람을
피우는 남편을 그냥 받아들이는 인간 아내들처럼 말이다.

게다가 자신의 잘못을 뉘우치고 돌아온 수컷에게 부부싸움을 걸면
수컷이 영영 도망쳐 버릴지도 모른다는 사실도 암컷은 염두에 둘 필요
가 있다. 그렇게 되면 단지 부부싸움으로 끝나지 않고 종의 보존을 위
험에 빠뜨릴 수도 있다. 암컷이 먹이를 찾기 위해 알의 곁을 떠나는 순
간 알에서는 화학적 변화가 일어나 부화과정이 중단된다. 다시 말해서
암컷이 직접 생계를 위해 일해야 하는 경우 부화되는 새끼들의 수가 현
저히 줄어든다. 이 문제는 호모 사피엔스에게서도 종종 나타난다. 물론
호모 사피엔스의 경우 문제는 화학적 원인이 아니라 사회적 원인에서
비롯되지만 말이다.

아무튼 도롱뇽 암컷의 분노는 명백히 종의 보존을
위험에 빠뜨리는 행위이므로 요즘 학계에서는

이를 질투가 아닌 오해로서 설명한다. 이에 따르면 '암컷' 냄새를 풍기는 남편을 진짜 암컷이라고 오해해 경쟁자로 간주하고 집에서 내쫓는다는 것이다. 물론 인간 여성들은 '다른' 향수 냄새를 풍기는 남편의 정체를 정확히 간파하기 때문에 이런 오해 따위는 발생하지 않는다. 하지만 인간이 눈에 80퍼센트 정도의 신뢰를 보이는 데 비해 도롱뇽은 거의 대부분을 코에 의존하기 때문에 이런 어처구니없는 상황은 충분히 생겨날 수 있다.

전략적 진화의 첨단을 보여 주다

파충류는 바깥 기온이 상승하면 활기를 띠지만 반대로 날씨가 추워지면 아무것도 하지 못한다. 파충류의 체온은 전적으로 외부환경에 좌우된다. 독일의 동물학자 한스 빌헬름 스몰리크Hans Wilhelm Smolik는 이를 안타깝게 여긴 나머지 1960년대 말에 발표한 책『동물사전』에서 이렇게 적고 있다. "따지고 보면 파충류는 절반의 삶밖에 살지 못하는 셈이다. 그들은 태양이 오랜 시간 충분한 온도를 보장해 주는 곳에서만 제대로 번창할 수 있기 때문이다." 물론 날씨가 좋아지기만을 기다리며 꼼짝도 안하고 허공을 응시하고 있는 도마뱀을 보고 있노라면,

이들에게 과연 뇌는 있는 것일까 의문이 들기도 한다. 하지만 이것은 지나친 평가다. 이들이 이런 행동을 취하는 이유는 그저 물질대사가 저조한 탓에 거동이 힘들어서기 때문이다.

오히려 도마뱀은 이런 에너지 절약모드를 통해 자신의 모습을 눈에 띄지 않게 잘 감출 수 있다. 심지어 코모도왕도마뱀이나 아나콘다 같이 거대한 몸집의 소유자들도 감쪽같이 몸을 숨긴다. 완벽하게 위장을 한 채로 나무에 달라붙어 있는 카멜레온은 진짜 나무보다 더 나무처럼 보인다. 단순히 나무의 색깔만이 아니라 나뭇가지와 잎사귀 특유의 움직임까지도 완벽하게 흉내 내기 때문이다.

자연에서 살아남고자 할 때 이런 위장술은 이루 말할 수 없이 높은 가치를 갖는다. 파충류가 3억만 년 전부터 진화에서 부동의 위치를 차지하고 있는 것도 그 때문이다. 반면에 몸집 불리기로 전략을 짜고 불어난 몸집만큼이나 만족할 줄 모르는 식욕을 과시했던 그들의 친척 공룡들은 6천5백만 년 전에 지구를 영영 떠나야 했다. 그러니 가끔씩은 자제할 필요도 있다.

색깔 변화는 기본, 바디 일체형 에어백까지

카멜레온의 풀 옵션 생존 전략

파충류의 삶은 느리게 진행된다. 파충류는 변온동물이기 때문에 환경의 도움 없이는 체온을 안정적으로 유지할 수 없다. 도마뱀은 기온이 내려가면 체온도 함께 내려가고 물질대사는 절약모드에 돌입한다. 하지만 날씨가 따뜻해진다고 도마뱀이 활기찬 동물로 돌변하지는 않는다. 물론 파충류는 짧은 순간 폭발적인 움직임을 보일 수 있다. 먹이를 덮치는 악어를 떠올려 보라. 하지만 평소에는 설령 체온이 좀 더 활발한 움직임을 가능케 해주더라도 계속 에너지 절약모드를 유지하며 느리게 움직이는 것을 좋아한다. 대부분의 도마뱀들은 맛있는 간식거리와 일광욕을 즐길 수 있는 휴식 중 하나를 선택하라면 기꺼이 휴식을 택한다. 먹고 먹히는 동물의 세계에서 도마뱀의 이런 취향은 진정한 금욕주의자라 불리기에 손색이 없다.

느림의 미학을 보여 주는 대표적 사례는 카멜레온이다. 카멜레온이 다리를 질질 끌면서 극도로 에너지를 아끼며 이동하는 까닭은 그의 위장전술에서 찾을 수 있다. 움직임이라야 고작 바람 따라 잠깐씩 이리저리 흔들리는 게 전부인 잎사귀와 나뭇가지를 착실히 흉내 낸 결과다. 하지만 카멜레온은 여기서 그치지 않고 한 술 더 뜬다. 적에게 발견되었다고 느끼는 순간 카멜레온은 마치 죽은 것처럼 경직되어 꼼짝도 하지 않는다. 산 채로 박물관에 가져가 박제로 전시해 놓아도 될 정도다. 나무 위에서 이러고 있을 때 누가 건드리기라도 하면 그대로 땅바닥으로 떨어져 버린다. 이때 추락하는 높이는 전혀 개의치 않는다. 떨어질 때 허파를 한껏 부풀려 한편으로는 낙하산처럼 낙하속도를 늦추고, 다른 한편으로는 에어백처럼 충격을 줄이기 때문이다.

그러나 이보다 더 기이한 특기는 눈 깜짝할 사이에 피부색깔을 완전히 바꾸는 능력이다. 초록색의 밀리터리룩에서부터 샛노란 얼룩의 극락조 모양까지, 신경섬유를 통해 직접적으로 색소를 제어하는 카멜레온에게는 아무런 문제가 되지 않는다. 동물학자들은 처음에 이 능력 역시 위장을 목적으로 발달했을 것으로 추측했다. 그러나 오스트레일리아의 학자들이 밝혀 낸 바에 따르면 색의 변화는 적을 속이기 위해서가 아니라 동종 간 소통을 위해서라고 한다.

특히 카멜레온 수컷은 경쟁자를 제치고 암컷을 차지하기 위해 더욱 현란하고 요란한 색상을 뽐낸다. 그런데 자연에서 이런 자유분방한 패션은 담비나 부엉이, 여우, 야생고양이 따위의 적들까지도 유인하는 바람에 치명적인 결과를 초래할 때도 있다. 특히 고양이들은 최근 들어 카멜레온의 수를 급격히 줄어들게 만드는 주범이 되었다. 이렇게 동물의 세계에서는 수컷들의 허풍이 목숨을 앗아가는 사례가 빈번하다. 말하자면 수컷들의 허풍은 진화에서 계속 되풀이되는 '러닝 개그'인 셈이다.

화려한 카멜레온과 달리 갈라파고스 섬의 바다이구아나는 유난히 은은한 색조를 좋아하여 빛바랜 검정을 기본색으로 삼고 있다. 그 이유는 이들이 도마뱀 종류치고는 특이하게도 차가운 바다에 들어가 조류와 해초를 따먹고 살기 때문이다. 그래서 육지로 돌아오면 햇볕 아래서 일광욕으로 몸을 다시 따뜻하게 만들어야 하는데, 이때 피부색이 어두워 햇볕을 반사하지 않고 흡수하면 더 유리하다.

이런 습성은 또한 바다이구아나의 일상을 상당히 단조롭게 만든다. 일광욕을 하며 졸다가 15분에서 30분 정도 바다로 나가 조류를 먹고, 다시 뭍으로 나와 몸을 따뜻하게 만들며 졸다가 저녁때가 되면 또다시 바다로 들어간다. 이런 식으로 억겁의 세월을 살고 있는 것이다. 게다가 천적의 방해도 거의 없는 덕분에 이 원시시대 파충류는 섬 안에서 마음껏 번식했을 뿐만 아니라 자연적인 도주본능까지도 포기했다. 찰스 다윈이 처음 갈라파고스에 왔을 때 맨손으로 바다이구아나를 잡아서 관찰한 뒤에 바다로 내던졌는데, 곧바로 다시 그에게 다가왔다고 한다. 나중에 다윈은 바다이구아나의 이런 행동을 '명명백백한 어리석음의 유일무이한 사례'라고 기록했다.

진화 과정에서 도주본능을 상실한다는 것은 그 어떤 경우라도 위험하다. 천적의 지형이 끊임없이 변하기 때문이다. 예를 들어 갈라파고스 섬에서는 야생화한 개와 고양이가 점점 증가하고 있는데 이 녀석들은 도망갈 생각이 전혀 없는 상대라고 해서 티끌만큼이라도 자비를 베풀지 않는다.

바다이구아나의 몸은 누군가 접근하면 스트레스 호르몬을 분비한다. 그러나 막스플랑크 조류학연구소에서 파충류를 연구하는 토마스 뢰들Thomas Rödl의 설명에 따르면, 이 스트레스 호르몬이 이구아나들을 "실제로 도망치게까지 만들지는 않는다"고 한다. 그저 스트레스 수치가 높아질 따름이다. 바다이구아나들이 이렇게 도주에 능숙하지 못한 까닭에 대해 행동생물학 전문가인 뢰들은 진화 과정에서는 항상 불필요한 노력을 피한 동물들이 가장 잘 살아남았기 때문이라고 설명한다. 이제까지는 그랬을지도 모른다. 하지만 이미 적의 뱃속에 들어간 다음에 에너지 절약이 과연 무슨 쓸모가 있겠는가.

맛보다는 속도에 목숨 건다

사막의 푸드 파이터 가시악마도마뱀

많은 사람들이 패스트푸드를 음식문화의 몰락이라고 여긴다. 불과 5분 만에 열량 800kcal의 메뉴를 후다닥 해치우는 패스트푸드 고객의 모습을 보고 있노라면 그렇게 말하는 것도 이해가 된다. 하지만 이런 사람들이 패스트푸드를 허겁지겁 집어삼키는 모습을 동물처럼 먹어댄다고 말해서는 곤란하다. 물론 동물들도 그런 식으로 서둘러 먹어 치우는 경우가 있다. 하지만 그것은 대부분 극단적으로 배가 고프거나 경쟁자가 자신의 식사를 노릴 때뿐이며, 그밖에는 상당히 느긋하게 풍성한 식사를 즐긴다.

예를 들어 쥐들은 버터가 듬뿍 든 과자나 소시지를 위해서라면 거의 예외 없이 평소보다 무리를 한다. 평범한 먹이를 위해서라면 혹한이나 폭우가 퍼붓는 날씨에 바깥으로 나가는 일이 없겠지만 특별한 먹이를 얻기 위해서는 따뜻하고 안락한 보금자리를 기꺼이 박차고 나선다. 또 스탠포드 대학에서 사인언어sign language를 배운 유명한 암컷 고릴라 코코는 "나는 점심식사를 좋아하며 고기가 맛있다"는 따위의 진술로 주위 사람들을 놀라게 했다. 고릴라가 인간이 주는 단조로운 과일이나 채소보다 좀 더 나은 먹이를 상상할 능력이 있음을 보여 준 사건이다.

몇몇 동물들은 식도락을 위해 천인공노할 만행도 서슴지 않는다. 예를 들어 나미비아 해안의 하이에나들은 바다표범의 새끼를 죽인 뒤 그

골만 파먹고 버린다. 또 몬터레이만의 범고래는 귀신고래 새끼를 죽여 혀만 빼먹는다. 이런 행동방식은 진화적 관점에서 거의 설명이 불가하다. 뇌나 혀가 포식자에게 어떤 생리학적 이점을 주는 것 같지는 않다. 따라서 이것은 오직 쾌락주의에서 비롯된 행동으로 보인다. 하지만 잘 알려진 것처럼 쾌락주의는 곧잘 끔찍한 결과로 이어진다.

반면 식도락과는 거리가 멀고 오히려 패스트푸드를 즐기는 동물들도 있다. 그러나 맥도날드를 찾는 사람들과 달리 이들은 자발적으로 패스트푸드를 먹는 것이 아니라 진화에 의해 그런 운명을 타고난다.

호주 사막에 거주하는 가시악마도마뱀의 운명은 그중에서도 특히 가혹하다. 이 동물은 불타는 인육을 집어삼키는 악의 신 '몰록'이라는 별명으로도 불리는데, 이 이름은 가시악마도마뱀이 처한 힘겨운 삶의 일단을 잘 드러내 준다. 이 불쌍한 악마도마뱀은 극도로 뜨겁고 건조한 사막동굴에서 살아남기 위해 갖은 노력을 다 기울였다. 이 도마뱀의 피부에는 온통 주름이 파여 있어 습기가 몸에 닿으면 그 고랑을 타고 곧장 입으로 흘러들도록 되어 있다. 그래서 아침 이슬도 수분으로 섭취할 수 있고 한쪽 발만 물에 담가도 물을 마시는 것과 똑같은 효과를 낼 수 있다.

몰록은 주식인 개미를 하루에 약 2천 마리를 먹어야 한다. 그런데 이 정도의 식사량은 뜨거운 사막에서는 생존을 위협할 정도로 큰 문제가 된다. 도마뱀은 식사속도가 매우 느려서 그 정도 양의 개미군단을 먹어 치우려면 최소한 8시간 이상이 소요되기 때문이다. 몰록이 제아무리 끈질기고 강인한 도마뱀이라 해도 사막의 작열하는 태양 아래서 이렇

게 오랜 시간을 버텨 낼 재간은 없다. 게다가 식사에 그 정도로 많은 시간을 소비해야 한다면 언제 적당한 짝을 찾아서 번식에 전념할 수 있단 말인가?

진화는 이 문제를 해결하기 위해 가시악마도마뱀을 패스트푸드 이용자로 만들어 버렸다. 곤충을 잡아먹고 사는 다른 도마뱀 종류들은 매 식사 때마다 식용 여부를 꼼꼼히 따진 뒤 충분히 씹어서 먹는 반면 가시악마도마뱀은 개미들을 순식간에 입 안으로 쓸어 넣은 다음 씹지도 않은 채 그대로 삼켜 버린다. 이렇게 하면 개미 식사는 2시간도 되지 않아서 모두 끝난다.

가시악마도마뱀이 식사를 할 때 어떤 종류의 즐거움을 느끼는지는 알 수 없다. 그러나 하이에나와 범고래의 별난 식도락 취향과 거리가 먼 것만큼은 분명해 보인다. 이보다 더 중요한 문제는 씹는 과정이 통째로 생략되는 바람에 이 도마뱀의 위와 장이 엄청나게 혹사당한다는 사실이다. 결국 가시악마도마뱀의 경우는 시간과 에너지의 문제가 외부에서 내부로 옮겨졌을 뿐이다. 밖에서 줄인 만큼 안에서 해결해야 하는 시간이 길어진 것이다. 그 때문에 가시악마도마뱀의 소화기관은 거의 쉴 새 없이 일해야 한다. 소화시키다 보면 하루가 다 지나갈 정도다. 그래서 가시악마도마뱀은 하루 종일 거의 움직이지 않으며, 어쩌다 움직이더라도 마치 느린 화면으로 보는 듯이 굼뜨다. 구애를 위해 수컷이 하는 행동도 고작 앞발로 암컷에게 신호를 보내는 것이 전부다. 온통 소화에만 신경을 써야 하기 때문에 그 이상은 아무래도 무리인 모양이다. 여자들은 혹시 애인이 맥도날드에 가자고 하면 한 번쯤 이 악마도마뱀을 떠올려 볼 일이다.

능력 없는 수컷 따윈 필요 없어!

처녀생식의 비기, 코모도왕도마뱀

도마뱀은 선천적으로 인간의 마음을 얻기가 어렵다. 열정적인 파충류 마니아가 아닌 다음에야 도무지 사랑스러운 구석을 찾을 수 없기 때문이다. 우선 파충류는 털이나 깃털 등이 없어서 기니피그처럼 쓰다듬거나 입을 맞추고 싶은 생각이 들지 않을 뿐만 아니라 그처럼 귀여운 동물들을 통째로 삼켜 버리기까지 한다. 또 인간과 거의 소통이 되지 않으며 기껏해야 의심과 무관심이 반쯤 섞인 눈길로 쳐다보는 것이 고작이다. 게다가 도마뱀의 외양은 무시무시하고 포악한 공룡을 연상시킨다.

우리 인간은 경외심과 두려움이 혼합된 감정으로 도마뱀을 대한다. 도마뱀에게 경외심을 품는 것은 3억 년으로 추정되는 어마어마한 나이 때문이며, 이들의 바늘 하나 들어갈 틈도 없이 완벽한 행동거지는 섬뜩

한 두려움을 불러일으킨다. 몸집이 클수록 당연히 두려움도 더 커진다.

도마뱀에 대한 선입견을 버리려고 애쓰는 사람도 코모도왕도마뱀 앞에서만은 어쩔 도리가 없다. 코모도왕도마뱀은 전설 속의 동물인 용을 연상시키는 외모를 지녔는데, 3미터가 넘는 몸길이와 약 70킬로그램에 달하는 몸집 때문에 누구나 질겁을 하게 된다. 게다가 두 갈래로 찢어진 노란 혀는 연신 엄청나게 큰 주둥이 사이로 들락거리고 몸에서는 멀리서도 맡을 수 있는 지독한 냄새가 난다. 왕도마뱀 특유의 사냥 방식에서 비롯된 이런 특징은 물론 이들에 대한 호감도를 더욱 끌어내린다.

왕도마뱀은 닭처럼 작은 먹이들은 순식간에 통째로 삼키는데, 먹잇감이 식도에서 일으키는 경련을 이용하여 먹이를 효과적으로 위로 내려 보낸다. 반면에 돼지나 물소처럼 몸집이 큰 동물들을 처리할 때는 방법이 다르다. 삼키기 전에 힘껏 깨물어 기운을 뺏는다. 침 속에 있는 고병원성 박테리아를 상대에게 감염시키는 것이다. 이렇게 물린 동물은 일단 도망치지만 대부분 멀리 가지 못한다. 대개 한두 시간 후면 극도의 통증과 함께 죽고 만다. 목숨이 붙어 있더라도 더 이상의 저항은 불가능하다. 식사에는 다른 왕도마뱀들도 초대된다. 물론 이들에게 식사예절 따위는 애당초 기대할 수 없다.

대다수의 사람들은 왕도마뱀이 일종의 격리 상태로 코모도 섬을 비롯한 인도네시아의 몇몇 섬에 갇힌 채 전설 속의 용처럼 살아간다는 사실에 안도한다. 하지만 왕도마뱀 특유의 사냥전략은 이들이 결코 점잔 떨 여유를 허용하지 않는 자연의 무대에서 이제껏 살아남은 이유를 보여 주기에 충분하다.

반면 왕도마뱀의 번식방법은 종족보존을 위해 대단히 비건설적이다. 코모도왕도마뱀 암컷은 9월이면 15개 정도의 알을 낳아 땅속에 묻어두고는 햇볕을 이용하여 부화시킨다. 새끼들은 흙과 껍질의 보호를 받는 동안은 별 문제가 없지만, 알에서 부화하고 나면 가차 없이 사냥꾼에게 쫓기는 신세가 된다. 사냥꾼은 다름 아닌 자신의 부모, 삼촌, 이모들이다. 다 자란 왕도마뱀이 고작 100그램에 불과한 어린 새끼들을 잡아먹는 것이다. 예전에는 이들의 이런 행동이 먹이가 극도로 부족할 때에만 나타나는 것이라고 생각했다. 하지만 그런 생각은 이미 바뀐 지 오래다. 영국의 동물학자 마크 카워딘Mark Carwardine은 이렇게 설명한다. "어른 코모도왕도마뱀의 눈에 새끼들은 먹이 그 이상도 이하도 아니다. 움직이면서 뼈에 약간의 살이 붙어 있으니 먹잇감이 아니고 무엇이겠는가?"

놀랍게도 새끼들은 진화 과정을 거치며 부화 직후 곧장 나무 위로 피신하는 법을 터득했다. 이것은 종의 보존을 위해 참으로 다행스러운 일이다. 어른들은 그곳까지 쫓아오지 못할 뿐만 아니라 나무에는 곤충, 뱀, 새와 같은 먹이들도 있다. 물론 새끼들이 전부 나무 위로 피신하지는 못하지만 그래도 종을 보존하기에는 충분한 수준이다. 어찌되었건 불필요한 '동종식육'이 진화에서 발생하는 지극히 위험한 사고이며 잘못이라는 사실은 분명하다.

그런데 이보다 더 심각한 문제가 있다. 코모도왕도마뱀이 강한 처녀생식의 성향을 지니고 있다는 사실이다. 암컷의 생식세포는 균일하게 분열하지 않는다. 마지막 성숙 단계에서 동일한 크기의 난자가 두 개

생기는 것이 아니라 큰 난자 1개와 작은 극체polar body로 나뉜다. 이때 극체는 일단 '언니'인 난자에 붙어 있는데, 둘의 유전자는 완전히 동일하다. 그 뒤 난자가 수컷의 정자와 만나 수정이 이루어지면 극체는 죽는다. 하지만 정자를 만나지 못하는 경우에는 이 극체가 다시 난자와 결합한다. 이렇게 되면 완전한 유전자구조를 갖춘 새끼가 태어나는데, 새끼는 아빠가 없기 때문에 오로지 엄마의 유전자만 물려받는다.

로빈슨 크루소처럼 외딴 섬에 홀로 갇힌 경우라면 처녀생식은 짝짓기 상대가 없이도 자손을 생산할 수 있기 때문에 일단 장점으로 작용한다. 외로운 섬 생활이라면 코모도왕도마뱀도 익히 잘 알고 있다. 아마 암컷 한 마리가 통나무에 몸을 의지해 대양을 떠돌다가 인도네시아의 한 섬에 표류했는데 짝짓기 할 상대가 없었을 것이다. 그래서 자손을 이어가기 위해 처녀생식을 했을 것이다. 수컷이 보이지 않는 상황에서 이것은 불가피한 선택이었다. 이때 처녀생식에 의지하지 않았다면 오늘날 코모도왕도마뱀은 지구상에 존재하지 않았을지도 모른다.

그 후 수컷도 통나무를 타고 섬으로 들어오고 왕도마뱀의 전체 개체군이 수백 마리로 늘어난 시점에서 암컷은 처녀생식을 그만둘 수도 있었다. 그런데 무슨 이유에선지 이들은 처녀생식을 포기하지 않았다. 수컷 파트너가 있어도 혼자 임신을 하는 것이다. 물론 처녀생식에만 절대적으로 의존하는 것은 아니지만 필요 이상으로 빈번히 그렇게 한다.

암컷이 왜 그토록 처녀생식을 고집하는지는 아직까지 밝혀지지 않았다. 수컷과의 섹스가 싫어서일까? 왕도마뱀의 섹스가 다른 도마뱀들과 전혀 다르지 않은 이상 그럴 리는 없어 보인다. 게다가 고약한 냄새는 수컷뿐만 아니라 암컷도 풍기고 다닌다. 이유는 아마도 암컷이 짝짓기 상대를 찾아 섹스를 하는 일에 별로 에너지를 소비하고 싶지 않다는 데 있을 것으로 보인다. 거대한 몸집을 가진 왕도마뱀들은 엄청난 에너지를 필요로 한다. 에너지의 효율적 배분을 위해서라면 어떤 행위에 에너지를 우선적으로 투입시켜야 할지를 정확히 계산해야 했을 것이다. 따라서 코모도왕도마뱀의 섹스는 암컷의 비용 대 효용 계산에 의해 희생되었을 가능성이 크다.

아무튼 처녀생식에 대한 고집 때문에 코모도왕도마뱀의 개체군은 현재 위험에 처해 있다. 유전자가 자꾸 섞이지 않으면 변화하는 환경조건에 적절하게 반응하는 능력이 저하되는데, 오늘날과 같은 급격한 기후 변화의 시대에는 이것이 그 어느 때보다도 절실하다. 흥미로운 점은 처녀생식을 통해 태어나는 녀석들이 죄다 수컷이라는 점이다. 그 때문일까. 자바 섬 동쪽에 위치한 크고 작은 섬들에 서식하는 총 5천 마리의 왕도마뱀들 중 암컷은 불과 350마리밖에 되지 않는다. 그중에서도 가임능력이 있는 암컷의 수는 훨씬 더 적을 것으로 추정된다. 코모도왕도마뱀이 멸종 위기에 직면한 것은 분명하다.

언제까지 이미지에 속을 테야?

뱀에 관한 몇 가지 편견들

뱀에 대한 인간의 태도는 늘 모순적이었다. 고대 그리스인들은 뱀이 허물벗기를 통해 끊임없이 거듭나기 때문에 불멸의 존재로 생각했고,

이 때문에 의술의 상징으로도 삼았다. 뱀이 휘감고 있는 아스클레피오스의 지팡이는 오늘날에도 계속 사용된다. 반면 고대 중국에서 뱀은 교활함의 상징이었다. 이런 시각은 성경에서도 보인다. 잘 알려졌듯이 이브는 뱀의 꼬임에 넘어가 금지된 지혜의 나무 열매를 따먹었다. 이슬람의 예언자 무함마드는 뱀에 물릴 뻔했을 때 고양이의 도움으로 간신히 목숨을 부지했다.

발트족은 뱀이 대지의 신을 위해 싸우는 전사라고 생각하여 뱀에게 기꺼이 먹을 것을 던져 주었다. 인도 신화에도 이와 유사한 이야기가 나온다. 반면 게르만족은 천둥의 신 토르가 지구를 휘감고 있던 바다뱀과 격렬한 싸움을 벌이는 장면을 상상했다. 결국 토르가 싸움에 승리하여 바다뱀을 죽였지만 괴물의 독은 토르의 목숨도 앗아갔다.

뱀에 대한 인간의 모순된 태도는 오늘날에도 크게 변하지 않았다. 디즈니 만화『정글북』에 등장하는 뱀 '카'는 우리가 뱀에 대해 갖고 있는 선입견을 완벽하게 재현한다. 카는 음흉하고 교활하고 위험하면서 특별한 능력(최면술!)까지 갖추고 있다. 이렇게 볼 때 뱀에 대한 사람들의 일반적인 느낌은 두려움, 존경, 매력의 세 가지 감정으로 요약된다.

특별히 뱀에게 이런 감정을 느끼는 이유는 우선 뱀이 여러 면에서 나머지 척추동물들과 다르기 때문이다. 또 다른 이유는 뱀이 완벽한 존재라는 느낌을 주기 때문이다. 뱀은 날개, 지느러미, 팔다리와 같이 일반적으로 이동에 필요한 기관을 전혀 갖고 있지 않다. 그런데도 뱀은 여유로운 채식주의자가 아니라 민첩하고 신속하며 확실하게 먹이를 제압해야 하는 사냥꾼이다. 뱀의 이빨은 씹기에 적합하지 않기 때문에 식사 시에는 먹이를 죽여서 움직이지 못하게 한 다음 통째로 꿀꺽 삼킨다. 뱀은 감각기관 역시 매우 기이하다. 귀가 없는 대신 냄새를 맡기 위해 혓바닥을 사용한다. 뱀들 중에는 적외선 감지기관을 이용하여 섭씨 0.03도 미만의 미세한 온도차를 감지할 수 있는 종들이 적지 않다. 인간과 같이 부족함이 많은 존재에게 이러한 특징들은 거의 초능력처럼 보인다.

그러나 뱀도 완벽하지만은 않다. 뱀은 턱뼈와 두개골을 움직여 몸집이 큰 동물을 통째로 삼킬 수 있다(현재까지 최고 기록 보유자는 59킬로그램이나 나가는 영양을 그대로 삼켜 버린 아프리카비단뱀이다). 하지만 이 같은 광란의 식사는 몇 시간에서부터 심지어 며칠까지 걸린다. 그동안에 뱀은 턱을 아주 크게 벌린 상태로 적에게 무방비로 노출되어 있다. 먹이를 다 삼킨 후에도 무방비 상태는 상당 기간 지속된다. 엄청난 양의 식사로 인해 흉측하게 몸이 부풀어 오른 뱀은 도망도 못 치고 싸우지도 못하기 때문이다. 그러니 하이에나 같은 포식자들 입장에서 이런 뱀을 발견하는 것은 바닥에 떨어진 음식을 거저 주어먹는 것이나 다름없다. 실제로 하이에나는 매우 영리해서 뱀을 발견하면 이들이 금식을 끝내고 사냥에 나서기를 기다린다. 그러고는 뱀과 뱀이 삼킨 먹이까지 한꺼번에 차지하는 일석이조의 성과를 거둔다.

씹지 않고 삼킨 먹이를 소화하기 위해서는 아주 많은 에너지가 소모된다. 삼키는 일 자체도 힘이 들 뿐만 아니라 3배 이상 늘어나는 간과 장의 확장에도 에너지가 필요하다. 이때는 필요한 산소의 양이 급격히 증가하기 때문에 뱀은 먹이를 삼킨 직후 산소공급을 위해 심장근육을

증가시킨다. 일례로 돼지나 개를 통째로 삼킨 미얀마비단구렁이는 48
시간 안에 심장을 40퍼센트나 확장시키는 것으로 확인되었다.

생리학적으로 대단한 능력임에 틀림없지만 여기에는 커다란 문제점
도 있다. 심장을 키우기 위해서는 몸 안에 자리가 마련되어야 하는데,
통째로 집어 삼킨 커다란 먹이 때문에 쉽지가 않다. 그래서 심장근육은
좁은 몸속에서 힘겹게 자리를 마련해 가며 몸집을 불려야 한다. 좀 더
자세히 말하면 뱀의 몸은 이를 위해서 많은 양의 피를 배출해야 하고
다른 장기들의 압력에도 버텨야 한다. 즉 엄청난 성찬을 마친 비단구렁
이는 위험 수준의 심장병 환자나 다름없다. 실제로 적지 않은 비단구렁
이들이 급작스러운 심장쇼크로 생명을 잃는다.

교활한 뱀의 전설에도 수정이 필요하다. 뱀이 위장술의 대가라는 말
은 맞다. 많은 종류의 뱀들은 주변과 똑같이 색깔을 변화시켜 자신을
숨길 수 있다. 어떤 종류의 뱀들은 나무에 거꾸로 매달린 채 축 늘어져
있기도 하는데 이럴 때는 꼭 덩굴식물처럼 보인다.

또 전혀 소리를 내지 않는 쪽으로 발전한 뱀들도 있다. 발이 없는 동물로서의 장점을 최대한 살린 방식이 아닐 수 없다. 이 모든 위장술에도 불구하고 뱀은 약 1억 년 전부터 이 땅에서 살아왔기 때문에 그 세월 동안 뱀의 희생자와 적들 역시 이들의 특별한 능력에 대비하는 법을 충분히 마련할 수 있었다.

특히 캘리포니아땅다람쥐는 뱀을 잘 속이는 것으로 유명하다. 캘리포니아땅다람쥐는 두려움을 모른다. 이들은 뱀이 자기들 굴로 다가오면 절대로 그냥 도망치지 않는다. 주변에서 방울뱀을 발견하면 꼬리를 흔들어 침입자에게 흙과 돌멩이를 퍼붓는데, 이 방법은 특히 어린 뱀들에게 효과가 있다. 그런데 캘리포니아 대학의 행동학자 아론 런더스 Aaron Rundus의 발견에 따르면 땅다람쥐들의 꼬리치기에는 또 다른 의미가 숨겨져 있다. 런더스는 이것이 "뱀의 감각을 위협하는 효과도 있다"고 말한다. 방울뱀은 적외선감지기관을 이용한 열 감지를 통해 밤

낮을 가리지 않고 먹이를 사냥할 수 있다. 그런데 열심히 꼬리를 흔들면 체온이 올라가서 열에 민감한 뱀의 눈에 땅다람쥐는 실제보다 훨씬 크고 위협적인 존재로 보이게 된다. 그러면 경험이 많고 노련한 방울뱀조차도 위험을 느껴 도망치게 될 때가 많다.

런더스는 자신의 '온도상승이론'을 증명하기 위해 방울뱀과 달리 열 감지장치가 없는 황소뱀을 땅다람쥐와 대면시켰다. 그랬더니 땅다람쥐들은 꼬리를 흔들지 않고 그 대신 동료들을 경고하기 위해 날카로운 울음소리만 냈다. 땅다람쥐들이 자신이 상대하는 뱀의 종류를 매우 잘 구분할 수 있음을 알 수 있다. 이것은 땅다람쥐들 입장에서는 가히 천재적인 능력이라 하겠지만 방울뱀에게는 심각한 문제다. 진화가 상응하는 대응전략을 수립해 주지 않는다면 이 뱀들은 땅다람쥐를 자신들의 식단에서 영원히 삭제해야 할지도 모른다.

05 조류

등가 교환의 법칙, 진화에도 예외는 없다

작은 육식공룡들이 조류로 진화하여 하늘을 정복한 것은 지금으로부터 약 2억5천만 년 전의 일이다. 공룡은 이미 멸종한 지 오래인데 새들은 아직도 건재한 걸 보면 이것은 분명히 현명한 결정이었다. 현재까지 알려진 조류는 1만여 종에 달한다. 새가 살지 않는 땅은 지구 어디에도 없다. 게다가 대부분의 동물들이 인간의 눈에 띄지 않게 숨어 사는 반면에 새들은 문 밖으로 몇 걸음만 나가거나 창문만 열어도 언제 어디서나 쉽게 눈, 혹은 귀로 만날 수 있다.

하늘을 정복하는 과정에서 새들은 믿기 어려우리만큼 뛰어난 창의

력과 상상력을 발휘했다. 알바트로스처럼 우아하게 활강하는 새가 있는가 하면 참새처럼 민첩하고 빠른 사냥의 곡예사도 있고 큰뒷부리도요새처럼 논스톱 장거리 비행에 능한 새도 있다. 또 1초에 90회나 날갯짓을 하며 공중에서 정지 상태로 있거나 심지어 후진비행까지 하는 벌새도 있다.

그럼에도 불구하고 몇몇 조류는 진화 과정을 거치며 좀 더 매력적으로 보이는 다른 무언가를 위해 비행을 포기했다. 단순히 하늘을 나는 것만으로는 행복하지 않았던 모양이다. 하지만 비행을 거부한 새들은 그들의 '보이콧'에 대해 종종 엄청난 대가를 치러야 했다. 예를 들어 펭귄은 하늘보다는 물을 선택했지만 새끼를 기르기 위해서는 어차피 육지로 나와야 한다는 사실을 미처 계산하지 못했던 것 같다. 잠수함으로 개조된 비행기의 짜리몽땅한 다리로 땅 위를 돌아다니는 일은 무척 힘이 들 뿐 아니라 항상 커다란 위험이 뒤따른다. 또 타조처럼 몸집이 너무 비대해져 차라리 걷는 쪽을 택한 새들도 있다. 하지만 이런 새들도 가끔씩은 더 이상 날 수 없게 된 것을 후회할지 모른다. 예를 들어 아프리카 타조는 커다란 몸집에 비해 열을 방출할 표면이 상대적으로 아주 적다. 이것은 신체의 에너지를 절약하는 데는 도움이 되지만 다른 한편으로는 체열이 지나치게 높아질 수 있기 때문에 자기 오줌으로 다리를 적셔서라도 몸을 식혀야만 한다. 이렇게 자기 다리에 오줌을 갈기는 순간만큼은 타조도 하늘에서 자유롭게 바람을 맞으며 날아다니는 다른 새들을 부러운 눈으로 쳐다볼 것이다. 하지만 모든 걸 다 가질 수는 없는 법. 진화는 결코 원하는 걸 다 주지 않는다.

여행자의 짐은 가벼울수록 좋은 법

생존을 위해 유랑을 택한 철새들

예로부터 여행은 좋은 것으로 여겨져 왔다. 괴테는 "현명한 자는 여행 중에 최고의 교양을 쌓는다"고 말한 바 있다. 그보다 백년쯤 뒤에 오스카 와일드는 또 "여행은 우리의 정신을 고양시키고 선입견을 없애 준다"고 말했다. 둘 다 마요르카 섬 관광 인파의 엄청난 소란과 난리법석을 겪지 않던 시대의 사람들이니 그렇게 말할 수도 있겠다. 게다가 이들이 말하는 '교양 여행'은 어차피 호기심 많고 깨어 있는 정신을 지닌 자들을 향한 것이다. 물론 대부분의 사람들은 변함없이 여행을 통해 자신의 삶을 풍요롭고 흥미롭게 만들어 주는 무언가를 체험한다. 또 무엇보다도 여행은 해방감을 느끼게 해준다. 우리가 남쪽으로 날아가는 철새들을 부러운 눈으로 쳐다보는 이유는 비단 그들이 따뜻한 곳을 찾아가기 때문만은 아니다. 어떤 곳이 마음에 들지 않을 때 훌쩍 떠날 수 있는 자유가 부러운 것이다.

그러나 실제로 철새의 여행은 자유로운 결정이 아니라 불가피한 이동이다. 날씨가 추워지면 먹을 것이 없기 때문에 좀 더 풍성한 먹이가 있는 따뜻한 들판으로 이동해야만 한다. 또 철새들의 여행은 고난의 연속이어서 삶을 풍요롭게 만드는 교양 쌓기와는 거리가 멀다.

기본적으로 철새의 여행은 장거리 비행과 단거리 비행으로 구분된다. 예를 들어 발트해 연안에서 그리스까지 가는 것은 단거리 비행에

해당되고, 중부유럽에서 남아프리카까지의 이동은 장거리 비행에 속한다. 현재까지 장거리 비행 세계 최고기록은 2007년 9월 'E7'이라는 이름(과학자들은 작명에는 정말 소질이 없다!)의 큰뒷부리도요새 암컷이 세운 기록으로 무려 11,500킬로미터에 이른다. 북극과 남극을 오가는 제비갈매기는 이보다 훨씬 더 긴 거리를 여행하지만 중간에 자주 쉬는 탓에 기록에 오르지는 못했다.

날갯짓으로 이렇게 엄청난 능력을 발휘하기란 당연히 쉬운 일이 아니다. 큰뒷부리도요새는 먼 길을 떠나기 직전에 많은 양의 지방을 비축하는데 이로 인해 추가되는 무게는 비행 자체를 힘들게 할 정도다. 이 문제를 해결하기 위해 새는 위, 장, 간, 신장의 크기를 각각 25퍼센트 정도씩 줄인다. 논스톱 비행에서는 이런 장기들이 별로 필요치 않기 때문이다. 목적지에 도착할 무렵이면 비축된 지방은 마지막 1그램까지 모두 소진된 상태다. 이제 새들에게 남은 힘이라고는 가장 가까운 개펄까지 날아가서 벌레와 게 몇 마리를 잡아먹을 만큼밖에 되지 않는다.

그러므로 큰뒷부리도요새의 극단적인 비행 방식은 매우 위험천만한 모험이다. 역풍이나 기온 급강하 같은 사소한 기상변화도 이 새들에게는 큰 재앙이 될 수 있다. 열심히 비행해 왔는데 때마침 밀물 때라 개펄 주변에 먹이가 부족한 경우도 마찬가지다. 그렇기 때문에 뒷부리도요새들이 왜 좀 더 짧은 거리를 이동하지 않을까 의문이 드는 것은 지극히 자연스럽다. 알래스카에서 뉴질랜드까지 이동하는 동안 먹이가 충분한 장소들을 여러 곳 통과할 것임에도 불구하고 왜 굳이 그 먼 곳까지 날아가는 걸까? 큰뒷부리도요새가 이렇게 위험한 모험을 하는 이유는 얕은 바다에도 잡아먹을 물고기들이 많은데 굳이 위험한 심해 깊숙이까지 내려가 대왕오징어와 목숨을 건 싸움을 벌이는 향고래의 기이한 잠수만큼이나 풀리지 않는 수수께끼다.

철새들의 또 다른 어려움은 수면이다. 새들도 사람과 마찬가지로 잠을 안 자고는 살 수가 없다. 그런데 철새들이 며칠씩 계속되는 논스톱 비행을 할 때 날면서 잠을 자는지 아니면 계속 깨어 있다가 나중에 육상에서 한꺼번에 모자란 잠을 보충하는지는 밝혀지지 않았다. 하지만 두 경우 모두 위험하기는 마찬가지다. 우선 졸음비행은 사고의 확률이 매우 높다. 그렇다고 모자란 잠을 몰아서 자다가는 쉽게 포식자의 먹이가 되고 만다. 장거리 비행을 하는 철새들이 뇌를 절반으로 나누어 교대로 잠을 잘 거라는 추측은 충분히 가능하다. 실제로 돌고래는 공기를 마시려면 잠 잘 틈 없이 수시로 수면 위로 올라와야 하기 때문에 양쪽 뇌가 번갈아 가며 잠을 잔다. 그러나 철새들이 정말로 그렇게 자는지 확인할 방법은 없다. 장거리를 비행해야 할 새들은 뇌파 측정용 헬멧에 극도의 거부감을 보이기 때문이다.

철새들이 방향을 잡을 때 이용하는 것은 밤하늘에 뜬 별과 태양, 그리고 구름 낀 하늘에서도 이용이 가능한 지구자장이다. 프랑크푸르트 대학 연구팀은 통신용 비둘기의 주둥이 위쪽에서 산화철 성분이 들어 있는 뉴런다발을 발견했는데, 이것은 마치 나침반 바늘처럼 지구자장에 예민하게 반응했다. 뉴런은 3차원으로 배열되어 있기 때문에 새들은 이를 이용하여 자신의 위치를 지리적으로 정확하게, 그리고 자신의 움직임과 무관하게 확인할 수 있다.

그러나 방향을 찾는 방법이 아무리 정교하다고 해도 이것으로 철새들이 실제로 이동할 때 발생하는 문제들이 다 해결되는 것은 아니다. 예를 들어 겨울이 되면 독일 바이에른 주의 암메르제 호수에서는 원래 이 시기에 다른 곳에 있어야 할 여러 종류의 새들이 발견된다. 대백로는 여름을 나기에 남부유럽이 훨씬 더 따뜻한데도 어쩐 일인지 더 내려가지 않고 이곳에 머물고, 붉은부리흰죽지는 가을이 되면 오히려 그때까지 머물던 따뜻한 스페인을 떠나 추운 바이에른으로 날아온다. 과학자들은 철새들이 이렇게 거꾸로 행동하는 동기가 무엇인지 여전히 궁금해 하고 있다. 기후 변화가 철새들에게 혼란을 주었다는 추측도 있고, 인간이 발생시키는 전기자파로 인한 혼란 때문에 방향감각을 상실했다고 생각하는 사람들도 있다.

하지만 전혀 다른 추측도 가능하다. 거꾸로 이동하는 철새들은 매우 영리하기 때문에 마치 유능한 주식거래사가 그러듯이 대세를 거슬러 행동하리라는 것이다. 이에 따르면 겨울에 오히려 남쪽에서 북쪽으로 이동하는 이유는 그곳에는 이제 더 이상 먹이를 놓고 다툴 경쟁자가 없기 때문이다. 물론 두루미나 오리가 정말로 그렇게 멀리까지 내다보고 생각할 수 있는지는 여전히 의문이다. 일반적으로 새들은 학습능력을 겸비한 우수한 관찰자들이므로 충분히 개연성이 있다고 보이기도 한다. 하지만 철새들만 따로 떼어놓고 본다면 이런 가정은 오히려 설득력이 더 떨어진다.

바르셀로나 대학의 한 연구팀은 철새의 뇌가 한 곳에만 머무는 텃새의 뇌보다 작다는 사실을 발견했다. 그 이유는 일 년 내내 거주지를 떠나지 않는 새들은 날씨가 추워지면 살아남기 위해 더욱 머리를 써야 하기 때문이다. 예를 들면 대륙검은지빠귀는 겨울에 먹이를 찾기 위해 나뭇가지로 눈을 치울 줄 안다. 또 멋쟁이새는— 전혀 멋쟁이답지 않게— 겨울이면 평소에 거들떠보지도 않던 썩은 짐승의 고기도 먹는다. 반면에 철새들은 이들과 전혀 다른 전략을 구사한다. 살기가 불편해지면 훌쩍 떠나 버리는 것이다. 이동을 위해서는 방향을 찾는 데 사용되는 뉴런 몇 개만 더 필요할 뿐 전체 뇌용량은 작아도 상관없다.

그러므로 우리는 겨울에도 여전히 남아 있는 텃새들을 보수적이고 유연하지 못한 낙오자로 폄하해서는 안 되며 오히려 경의를 표해야 한다. 이들은 자신이 처한 환경에 맞서 싸워서 그 안에서 살아갈 수 있는 방법을 발견했기 때문이다. 반면에 철새들은 문제를 피해 도망친 경우다. 지금까지 이런 도피전략은 적당히 성공적이었다. 그러나 기후 변화가 점점 더 심해지면 철새들은 적응성 부족으로 말미암아 더욱 많은 고통을 겪어야 할지도 모른다.

불길한 이미지, 이젠 탈피하고 싶습니다

마녀사냥의 희생자 까마귀

새 중에는 아름다운 외모를 뽐내는 새가 있고, 목소리가 자랑인 새가 있다. 실제로 '가수'나 '모델'로 출연하여 세인의 눈길을 끄는 새들도 있다. 하지만 까마귀는 이런 부류에 들지 못한다. 까마귀의 몸은 온통 새까만데다가 입을 열면 마치 드라큘라의 관 뚜껑이 열리는 듯한 소리가 난다. 그런데 이 새의 외모에서 눈을 돌리고 선입견을 버리면 까마귀는 우리에게 전혀 새롭게 다가온다.

까마귀과에 속하는 새는 모두 42종이 있다. 그중 몸집이 좀 큰 것들은 '갈까마귀'라고 부르고 좀 작은 것들은 그냥 '까마귀'라고 부르는데, 이것은 사람들이 편리한대로 구분해서 부르는 것일 뿐 생물학적 분류법에 따른 명칭은 아니다. 아무튼 옛날에 까마귀는 지혜의 새라고 여겨지는 등 비교적 좋은 명성을 지니고 있었다. 성서에도 까마귀의 긍정적 습성에 대한 예가 나온다. 그런데도 어쩐 일인지 기독교에서 까마귀는 매도되었고 그 이미지는 바닥으로 추락하여 오늘날까지도 회복되지 않고 있다. 특히 까마귀는 불행을 알리는 전령으로 유명하다. 속설에 따르면 까마귀가 런던타워를 떠나면 영국의 군주제도 끝난다고 한다. 이런 이유로 런던타워의 까마귀들은 오늘날에도 여전히 날개를 짧게 잘라 여왕과 왕족에게 불행을 가져오지 못하도록 하고 있다.

독일에서는 까마귀 사살 할당제를 도입하라는 요구의 목소리들도 들린다. 까마귀들이 무제한으로 번식하여 농작물에 큰 피해를 줄 뿐만 아니라 다른 새들의 둥지에도 '강도짓'을 하기 때문에 생태균형이 파괴된다는 것이다. 그러나 과학적으로 입증된 사실은 아무것도 없다. 또 까마귀는 자연피임법을 알기 때문에 무제한 번식은 낭설에 불과하다. 이것을 보면 동물의 세계에서도 한 번 훼손된 평판은 좀처럼 벗어나기 힘든 무거운 짐이 된다는 걸 알 수 있다.

인간이 까마귀에 대해 선입견을 갖고 두려움마저 느끼게 된 이유는 어쩌면 이들이 때때로 동물의 시체를 먹는다는 사실 외에 뛰어난 지능의 소유자이기 때문인지도 모른다. 조류 중에서 뇌가 가장 큰 새는 수다쟁이 앵무새지만 과학자들에 따르면 까마귀의 뇌가 훨씬 더 혁신적으로 발달했다고 한다. 까마귀는 복잡한 행동을 계획할 수 있고 도구를 사용하며 다른 동물이 잡아놓은 먹이를 훔친다. 또 물이 담긴 통에 돌을 집어넣는 방식으로 수위를 높여 부리로 물을 마실 수 있을 만큼 뛰어난 지능을 발휘하는데, 이 정도면 인간도 부럽지 않을 정도다.

그러나 높은 지능에는 부정적인 면도 있다. 조류의 경우 이것은 특히 과도할 정도로 '도박'을 즐기는 충동적 습성으로 나타난다. 좋게 말하면 유희본능이라고 할 수 있지만 까마귀들은 이 본능이 너무나 강하고 비딱해서 진화의 법칙을 거스를 지경이므로 도박이라는 표현이 더 적절하다.

영국의 행동학자 조나단 밸컴Jonathan Balcombe은 재미와 유희에 대한 동물의 욕구를 전문적으로 연구한다. 그중에서도 까마귀가 그의 집중적인 관찰대상이다. 밸컴은 뉴욕에서 까마귀들이 교회첨탑 주위를

여러 가지 대형을 만들어 가며 몇 분씩 빙빙 도는 모습을 주의 깊게 관찰해 보았지만 이들의 비행에서 짝짓기나 먹이 찾기 같은 구체적인 목적을 전혀 발견할 수 없었다. 밸컴은 까마귀들이 "그냥 그런 식으로 날아다니는 것에 재미를 느낀다"고 결론지었다. 사실 까마귀는 재주부리기를 매우 좋아한다. 허드슨만의 까마귀들은 지붕에서 미끄러져 내려오거나 전깃줄에 거꾸로 매달린 다음 공중회전으로 낙하하는 따위의 재주를 부리는 것으로 알려져 있다.

또 까마귀들은 어느 정도 먼 거리를 비행할 때조차도 등을 아래로 하고 날기를 좋아한다. 이런 행동은 주로 수컷에게서 발견되기 때문에 과학자들은 전형적인 수컷의 허풍떨기라고 추측한다. 그러나 암컷이 이에 전혀 관심을 주지 않는 것으로 보아 이러한 추측은 설득력이 떨어진다. 게다가 몸을 뒤집은 채로 나는 개구쟁이 까마귀들은 종종 나무꼭대기에 걸리거나 쿵 소리가 날 정도로 세게 부딪히기도 한다. 물론 이 정도면 암컷의 눈길을 끌기도 하지만 실패한 수컷이 암컷의 파트너선택에서 보너스 점수를 받기는 힘들어 보인다.

다른 동물을 괴롭히는 까마귀들의 기벽 역시 진화적으로는 미심쩍

기 이를 데 없다. 예를 들어 까마귀는 늑대의 꼬리를 쪼아대기 좋아한다. 또 네덜란드의 동물학자 프란스 드발Frans de Waal은 까마귀 한 마리가 개들의 머리 위를 아슬아슬하게 스쳐 날아가고 개들은 이 건방진 새를 잡으려고 야단하는 모습을 목격하기도 했다. 이러한 행동은 설령 까마귀가 비행에 아주 능숙하더라도 생명을 위험에 빠뜨리는 짓으로 생존에 아무런 이득도 되지 못하며, 다만 재미를 줄 뿐이다.

까마귀들은 이렇게 과도하게 짓궂은 장난을 즐기지만 파트너십에서는 남다른 신뢰와 믿음을 바탕으로 일부일처를 유지한다. 이들의 목표는 유전자를 무조건 최대한 넓게 퍼뜨리는 것이 아니라 제한적이지만 확실하게 전달하는 데 있는 것으로 보인다. 진화생물학자들은 원칙적으로 일부다처제가 더 나은 번식전략이라고 여긴다. 짝짓기를 많이 하는 동물은 그만큼 힘도 좋은데다가 그 좋은 힘을 더 많은 후손들에게 전해줄 수 있다는 게 그들의 생각이다. 하지만 까마귀들은 지금까지 한 번도 인간이 생각해 낸 법칙을 그대로 따른 적이 없다. 허수아비도 그들에게는 비웃음의 대상에 지나지 않는다.

심지어 까마귀 암컷들은 파트너선택에서 의도적으로 서열이 낮은 수컷을 택하기도 한다. 이런 수컷들은 경쟁자와 싸우느라고 힘을 허비하지 않고 2세를 기르는 데 온 힘을 기울이기 때문이다. 이들이 열심히 곤충과 유충들을 잡아서 어미에게 물어다 주면 어미는 그것을 새끼들이 먹을 수 있도록 잘라서 골고루 나누어 준다. 위계질서를 강조하는 마초 문화 대신 조화롭고 다정다감한 관계가 이루어지고 있는 바람직한 모습이 아닐 수 없다. 우리 인간들도 때로 이런 관계를 바라는 것은 아닐까? 다만 한 가지 분명히 해둘 것은, 암컷들은 주변에 다른 까마귀들의 둥지가 많아서 수컷끼리 싸움이 빈번히 발생할 수밖에 없는 상황에서만 이 전략을 택한다는 사실이다. 반대로 둥지의 밀도가 높지 않으면 암컷들은 다시 마초 수컷에게 눈길을 보낸다.

비행에 최적화된 몸. 저주일까, 축복일까?
군함조의 비극적 운명

신약성경에 실리지 않은 유대인 신화 중에 아하스베루스의 전설이란 것이 있다. 이 전설의 주인공 아하스베루스는 서기 30년 무렵에 예루살렘에서 살던 유대인 구두장이다. 그의 집은 예수가 십자가를 지고 골고다 언덕으로 올라가던 길목에 있었다. 예수는 바로 이 구두장이의 집 앞에서 힘이 다하여 쓰러졌다. 그러자 아하스베루스는 기진맥진한 예수에게 욕설을 퍼부으며 어서 일어나서 계속 가라고 재촉했다. 이에 예수는 그에게 다음과 같이 저주를 내렸다. "나는 머물러 쉬겠지만 너는 계속해서 가야만 하리라!" 이렇게 하여 아하스베루스는 영원한 유랑의 저주를 받았다. 그는 절대로 한 곳에 정착하여 안식을 찾을 수 없다. 죽음조차도 허락되지 않았다. 아하스베루스의 운명은 오늘날까지도 영원한 방랑의 상징으로 작용하고 있다.

물론 군함조가 이 '영원한 유대인'의 전설을 알리는 만무하다. 하지만 군함조의 생애는 매우 '아하스베루스적'이다. 이들도 영원한 비행의 운명을 타고났다. 이 운명은 군함조가 창공에서의 삶에 너무나 극단적으로 적응한 결과다. 군함조의 날개는 길이는 길지만 폭이 아주 좁다. 이들이 나는 모습을 밑에서 올려다보면 납작하게 눌린 W자 모양을 하고 있다. 군함조의 날개는 활짝 폈을 때 240센티미터가 넘는다. 이것은 가장 큰 조류인 알바트로스의 날개와 맞먹는 수준이다. 그런데 이보다 더 인상적인 것은 공기로 가득 찬 군함조의 뼈다. 군함조는 몸무게가 600~1,600그램으로 다른 새들에 비해 가벼운 데다가 전체 몸무게에서 뼈가 차지하는 비율이 5퍼센트밖에 되지 않는다. 군함조는 조류 중에서는 유일하게 견갑대shoulder girdle를 갖고 있는데, 이 뼈들은 상박골이 아주 짧은 대신 척골과 요골은 극단적으로 긴 기형적인 모습으로 자라나 있다. 이 같은 골격의 특징으로 인해 군함조는 대단히 날렵하면서도 지구력이 강한 비행의 대가가 되었다.

군함조는 탁월한 비행 기술을 남을 괴롭히는 데도 사용한다. 가장 빈번히 괴롭힘을 당하는 새는 펠리칸의 일종인 가다랭이잡이다. 가다랭이잡이는 군함조와 마찬가지로 열대 및 아열대성 대양의 외딴 섬에서 살아가는 바닷새다. 가다랭이잡이의 삶은 부화기에는 교활한 갈라파고스핀치(일명 다윈핀치)로부터 알을 지켜야 하고 새끼가 태어난 다음에는 군함조로부터 괴롭힘을 당하는 등 고난의 연속이다. 군함조는 통상 수면 위로 날아오르는 물고기와 오징어 따위를 잡아먹고 사는데, 안타깝게도 이 먹이들은 군함조가 시장기를 느낄 무렵 때맞춰 뛰어올라 주지를 않는다. 굶주린 군함조들은 궁여지책으로 가다랭이잡이를 선택했다. 갓 사냥을 끝낸 가다랭이잡이의 모이주머니에는 늘 먹잇감이 그득하기 때문이다. 군함조는 가다랭이잡이의 뒷꽁무니를 빠르게 뒤쫓아 공격하는 체하며 혼란에 빠뜨린다. 그러면 어눌한 가다랭이잡이는 놀라서 어쩔 줄 몰라 우왕좌왕하다가 모이주머니 속의 먹이를 뱉어 버린다. 균형을 잃고 추락하지 않기 위해서는 어쩔 수 없는 고육책이다. 날렵한 해적 군함조는 바로 이 순간을 놓치지 않는다. 모이주머니 속에서 부드럽게 숙성된 먹잇감이 물이나 땅바닥에 떨어지기 전에 재빨리 낚아채는 것이다.

그나마 가다랭이잡이에게 위안이 되는 게 있다면 군함조는 공중에 떠있을 때를 제외하고는 행동이 몹시 서투르다는 점이다. 군함조는 남의 먹이를 가로채는 탁월한 능력에 대한 대가를 값비싸게 치러야 했다. 기술적으로 설명하자면 군함조는 거대한 날개와 지나치게 강력한 엔진이 장착된 글라이더와 전투폭격기의 중간쯤 되는 형태라고 볼 수 있다. 문제는 이런 특이한 비행체를 착륙시키기가 무척 어렵다는 점이다. 또 진화는 무게를 더 줄이기 위해 군함조의 다리도 아주 짧게 만들어 버렸다. 그 결과 군함조는 수영을 하거나 걷기에 모두 적합하지 않으며 기껏해야 나뭇가지나 배의 돛대를 움켜쥐고 앉는 게 고작이다. 바다에 착륙하여 잠수를 하는 것은 상상할 수도 없다. 비행이 전문인 군함조의 깃털이 물을 있는 대로 빨아들여 곧 익사하고 말 것이기 때문이다. 우지선羽脂腺이 퇴화하여 깃털에 기름칠을 할 수 없는 탓이다. 간단히 말해서 군함조는 걷지도 못하고 헤엄치기나 잠수도 할 수 없으며 오직 계속해서 날아야만 하는 운명이다.

군함조는 날개를 펼친 채로 나무나 돛대에 앉아 약간의 휴식을 취하는데, 이때 날개 아래쪽을 위를 향해 뒤집어 놓은 모습은 마치 수도복을 벗지 않은 채로 일광욕을 하는 수도사를 연상시킨다. 하지만 과학자들은 이때 일광욕과는 정반대의 효과를 추측한다. 즉 군함조의 특이한 날개자세가 태양열을 받아들이려는 목적이 아니라 힘든 비행에서 축적된 과다한 열을 방출하기 위한 것이라고 생각한다. 또 날개를 그렇게 위로 젖히면 헝클어진 날개깃을 다시 가지런히 복구시킬 수 있다. 아무튼 군함조는 휴식을 취할 때조차도 열심히 움직여야 하는 운명처럼 보인다. 부엉이나 수리들처럼 몇 시간이고 하릴없이 앉아서 쉬는 일은 군함조에게는 허락되지 않는다. 이 조류의 '아하스베루스'에게도 진정한 구원은 없는 셈이다.

많은 희생이 따랐지만 여전히 전도유망한 모델

포유동물을 다른 동물과 구분 짓는 특징은 두 가지다. 그중 하나는 물론 어미가 새끼에게 젖을 물린다는 사실이고, 또 다른 하나는 몸에 털이 난다는 것이다. 아무리 벌거숭이두더지쥐라도 몇 가닥의 털은 갖고 있다. 유일한 예외는 고래와 바다소인데, 이들의 경우는 차가운 물속에서 체온을 유지하는 데 젖은 털보다는 지방층이 더 유용하기 때문이다.

포유류는 지금으로부터 약 2억 년 전에 파충류에서 갈라져 나와 독자적으로 발달했다. 그러나 포유류의 수가 본격적으로 많아진 시점은 공룡이 이 땅에서 사라진 자리를 야심찬 털북숭이들이 차지하기 시작한 약 6천5백만 년 전부터다. 현재 지구상에는 5,500여 종의 포유류가 살고 있다. 이들은 영원한 동토인 극지방에서부터 수풀이 빽빽하게 들어찬 정글과 뜨겁고 건조한 사막, 그리고 물속에 이르기까지 지구 구석구석에 퍼져 있다. 또한 이들 포유류들은 대개 먹이사슬의 최상단에 위치해 있다. 약육강식의 동물 세계에서 오랜 세월 동안 이들은 약자이기보다는 강자로서 군림해 왔다. 그러나 과학자들은 포유류의 발달사에서 그동안 이미 1만여 종 이상이 사라진 것으로 추정하고 있다. 다시 말해서 포유류도 진화과정에서 무패의 승리행진을 계속해 온 것은 결코 아니며, 다수의 포유류 종들이 실패작으로서 진화의 무대에서 자취를 감추었다.

바꾸어 생각해 보면 수천 종 이상의 포유류가 멸종했다는 사실은 그동안 경쟁자를 물리치고 살아남은 종들이 상당히 강건하고 안정적이라는 걸 의미한다. 포유류의 미래가 밝은 또 다른 이유는 땅딸막한 뒤쥐에서부터 대왕고래에 이르기까지 그 크기가 매우 다양하다는 데에도 있다. 크기가 이렇게 다양하고 폭 넓은 생물류는 그 예를 찾아볼 수 없다. 이렇게 보면 환경과 무관하게 체온을 유지하고 새끼를 자신의 체액으로 먹여 살리는 포유류의 생존원칙은 가장 다양한 모델의 발전을 가능하게 해주는 것 같다. 오늘날 대두되고 있는 기후 변화의 문제와 관련해서도 이는 생존에 크게 도움이 되는 장점임에 틀림없다. 그러나 이런 장점도 이미 위협에 처해 있는 종들의 미래를 보장해 주지는 못하는 듯하다.

잠을 자야 머리가 좋아진다는 게 사실?

땅다람쥐의 동절기 혼수상태

인간에게 수면은 평안을 선사한다. 잠은 고요, 평화, 휴식 따위와 동의어다. 특히 쌔근쌔근(이 단어는 듣기만 해도 아주 기분이 좋아진다!) 잠자는 아기의 모습을 볼 때는 이런 단어들이 절로 떠오른다. 우리가 동물들의 겨울잠을 곧잘 낭만적으로 묘사하는 이유도 수면을 이렇게 긍정적으로 보기 때문일 것이다. 우리는 낙엽 속에 파묻혀 잠을 자는 고슴도치나 서로 몸을 맞대고 온기를 나누며 쌔근거리는 다람쥐들, 아니면 동굴 속에서 평화로이 봄을 기다리는 뚱보 곰을 생각한다.

그러나 이들에게 겨울잠은 사실 힘들고 궁핍한 시련의 계절에 다름없다. 반년 동안이나 아무것도 먹지 않고 살아남을 수 있는 인간은 없다. 심지어 겨울잠을 자는 동물들 중에서도 이런 능력을 가진 자는 극히 소수에 불과하다. 이 소수에 속하는 동물이 유럽에서 주로 서식하는 땅다람쥐다. 하지만 땅다람쥐의 겨울잠 역시 낭만과는 거리가 멀다. 혹시 기억상실증이나 알츠하이머 같은 단어들이 음악처럼 감미롭게 들린다면 몰라도 말이다.

동물학적으로 땅다람쥐는 다람쥐의 일종이며, 마멋과도 친척이다. 이 사실로만 미루어도 땅다람쥐는 수면의 대가일 것으로 짐작된다. 마멋은 겨울에 깊은 수면을 취할 뿐만 아니라 이 기간에 간과 신장을 30퍼센트, 장은 무려 50퍼센트나 줄여 동면기를 나기 위한 충분한 에너지를 확보한다. 빈 야생동물학연구소의 에바 밀레시Eva Millesi는 땅다람쥐도 마멋과 유사한 동면 실력을 발휘하는지 관찰해 보았다. 밀레시는 땅다람쥐를 인위적으로 동면에 들게 만들기 위해 냉각실에 넣었다. 그러자 이 녀석은 뭐라 표현하기도 힘든 형태로 몸을 돌돌 말아 털실뭉치처럼 되어서는 따뜻한 시기가 오기를 기다리기 시작했다.

물론 땅다람쥐에게 추위 속에서의 기다림은 정류장에서 버스를 기다리는 것과는 한참 거리가 멀다. 동면을 하는 포유류 중에서도 땅다람쥐만큼 오랫동안 줄기차게 잠을 자는 동물은 찾아보기 어렵다. 이들의 동면기간은 모두 합치면 장장 8개월에 달한다. 이에 비하면 넉 달 동안 잠에 빠져드는 고슴도치나 일곱 달을 자는 다람쥐꼬리겨울잠쥐는 차라리 부지런한 편이다.

게다가 땅다람쥐는 아주 깊은 잠을 잔다. 밀레시의 관찰에 따르면 이들은 수면하는 동안 극단적으로 얕은 호흡을 하는데다 맥박수도 분당 2회로 극도로 낮다. 이 정도 맥박이라면 활발한 혈액순환이 이루어지지 않을뿐더러 몸이 마치 잔잔한 호수 같은 상태가 되어 뇌에 산소도 거의 공급되지 않는다. 그렇기 때문에 땅다람쥐는 생애의 대부분을 꿈도 꾸지 않고 아무런 일도 일어나지 않는 깊은 수면상태에서 외부세계와의 접촉이 거의 완벽하게 단절된 채로 보낸다. 심지어는 누가 자기 몸의 일부를 갉아먹어도 겨울 동안의 혼수상태에서 깨어난 뒤에야 비로소 그 사실을 알아차리는 경우도 적지 않다. 자는 동안에는 아무것도 알아차리지 못한 것이다.

그러나 이렇게 신체의 일부를 갉아 먹히는 피해보다 더 큰 문제는 동면기간에 땅다람쥐의 뇌가 입는 손상이다. 에바 밀레시는 뇌의 손상 정도를 확인하기 위해 땅다람쥐로 하여금 미로에서 빠져나가게 하는 실험을 실시했다. 겨울잠을 자지 않은 땅다람쥐는 몇 개월이 지난 뒤에도 여전히 미로의 출구를 찾을 수 있었지만 겨울잠을 잔 쪽은 미로에서 빠져나오는 방법을 완전히 잊어버렸다. 이 같은 실험 결과는 겨울잠을 자고 난 땅다람쥐의 뇌에서 알츠하이머 환자에게서 나타나는 플라크plaque를 발견한 영국 생물학자들의 연구 결과와 일치한다. 땅다람쥐는 치매가 어느 정도 진행된 상태에서 잠을 깨는 셈이다. 어쩌면 깨어났을 때 자신이 어디 있는지조차 모를 수도 있다.

아무튼 진화는 최악의 사태를 예방하는 차원에서 땅다람쥐들에게 해결책을 찾아주었다. 해결책이란 7~8개월 동안의 겨울휴가 중에 뇌가 완전히 기능을 상실하는 것을 방지하기 위해 얕은 잠을 자는 기간을 마련해 놓은 것이다. 그밖에도 기억상실증은 한없이 계속되지 않고 며칠 후면 사라진다. 땅다람쥐의 신체는 이처럼 심각한 뇌손상을 스스로 치유할 수 있는 것으로 보인다. 이것은 인간 알츠하이머 환자에게는 불가능한 일이다. 그러므로 의학자들이 땅다람쥐 뇌의 회복능력을 연구하여 이를 인간에게 적용하고자 노력하는 것은 당연한 일이다.

그러나 설령 신경의학클리닉에 땅다람쥐의 공로를 기리는 기념비가 세워지는 일이 발생하더라도 우리가 이들의 동면행태를 완전히 이해할 수 있을 것 같지는 않다. 무엇보다도 땅다람쥐들이 그토록 오랜 시간 동면에 들어야 할 필요를 찾을 수가 없기 때문이다. 단지 먹이가 부족한 겨울을 나기 위한 목적이라면 5~6개월 만으로 충분하다. 땅다람쥐는 씨앗뿐만 아니라 뿌리나 구근, 심지어는 곤충과 달팽이까지도 먹기 때문에 늦가을이나 이른 봄에 충분히 먹이를 찾을 수 있다. 게다가 신체를 혼수상태에서 얕은 수면상태로 끌어올리려면 상당히 많은 에너지가 요구된다. 그러느니 차라리 혼수상태와 얕은 잠 사이의 어디쯤을 정하여 계속 같은 상태를 유지하는 편이 더 낫다. 어쩌면 땅다람쥐들은 수면상태에 침잠하여 고된 일상으로부터 최대한 멀리 벗어난 뒤 나중에 힘들었던 모든 기억들을 잊고 마치 새로 태어나듯이 깨어나고 싶은 것인지도 모른다. 그렇게 보면 뇌 손상까지 일으키는 처절한 수면이 땅다람쥐들의 삶에는 한 가닥 위안인지도 모른다.

남 좋은 일만 하는 불쌍한 악마

멸종 위기에 처한 태즈메이니아데빌

코알라는 귀엽고 캥거루는 우스꽝스럽고 웜뱃은 금욕적이고 날다람쥐는 공중곡예를 펼친다. 호주의 유대류는 겉모습은 기이하지만 사람들에게 특별히 사랑받는 동물이다. 하지만 단 하나의 예외가 있는데, 그 주인공이 바로 태즈메이니아데빌이다. '데빌'이라는 이름부터가 벌써 그런 생각을 하게 만든다.

이 동물은 자기 고향 태즈메이니아 섬에서는 이미 오래 전부터 온갖 수단을 다 동원해서라도 반드시 퇴치해야 하는 해로운 대상으로 간주되었다. 닭과 양을 잡아먹는 못된 습성 때문이다. 브렘은 『동물생활』에서 태즈메이니아데빌의 모습을 "몹시 추하다"고 기술했다. "구부정한 숏다리의 땅딸막한 몸"에 투박하고 큰 머리가 얹혀 있고, 조그만 귀는 "바깥은 털이 숭숭 나 있고 안은 맨살이 그대로 드러나 있다." 또 입술에는 "사마귀들이 잔뜩 나 있다." 태즈메이니아데빌의 성격에 대해서도 브렘은 야박한 평가를 내린다. "이 동물은 험악하고 성을 잘 내며 늘 저기압인 외톨박이다. 필요하면 아무 때나 짖고 으르렁거리고 찍찍거린다."

태즈메이니아데빌에게 위안이라면, 외모가 예쁘고 매력적으로 보이는 동물에게 진화가 더 유리하게 진행되지 않는다는 점과 보모장지뱀에 대한 브렘의 한층 더 심한 악평 정도일 것이다. 브렘은 보모장지뱀을 가리켜 "불화를 일으키고 싸우기 좋아하는 성격"을 지닌 탓에 "동성의 다른 보모장지뱀들과 끊임없이 다투는 동물"이라고 묘사했다. 이는 과학적으로도 입증된 사실이다. 그런데 보모장지뱀은 이런 못된 습성에도 불구하고 진화과정에서 꽤 화려한 경력을 쌓았다. 보모장지뱀만큼 북쪽 멀리까지 영역을 확장한 도마뱀은 찾아보기 어렵다. 심지어 북위 70도의 바랑게르 피오르드에서도 발견된다. 독일 파충류 학회는 2006년에 보모장지뱀을 "세계에서 가장 성공한 파충류"라는 설명과 함께 올해의 파충류로 선정한 바 있다.

이런 경력은 태즈메이니아데빌로서는 꿈도 꾸지 못할 일이다. 이 동물은 우선 걷는 모습부터가 불안하다. 마치 어디에 부딪치기라도 할까 봐 겁이 나서 연신 비틀거리며 피해 다니는 듯한 느낌을 준다. 걸음걸이가 이렇게 기이한 이유는 위에서 소개한 '구부정한 숏다리' 때문이 아니라 신체의 절반이나 차지하는 엄청난 크기의 머리 탓이다. 머리가 너무 커서 똑바로 가누기가 어렵기 때문에 사람들의 눈에 바보 같고 어눌하게 비칠 정도로 심하게 흔들거리면서 걸을 수밖에 없다. 호주대륙에서 태곳적부터 살아온 유대류를 별로 대단하게 생각하지 않았던 과거 유럽 출신의 식민지 지배자들이 그중에서도 이 동물을 특히 더 미련하다고 생각했던 것도 무리는 아니다. 하지만 이것은 정말 부당한 처사다. 이 동물의 머리통이 특별히 사랑스러워 보이지 않는다는 점은 인정하지만 거대한 두개골 안에는 꽤 쓸 만한 뇌가 자리 잡고 있기 때문이다.

불안한 걸음걸이보다 훨씬 더 큰 문제는 이들의 건강하지 못한 생활 방식이다. 태즈메이니아데빌은 낮에는 자고 밤에 일어나 어둠을 이용하여 먹이를 찾는다. 진화로부터 거대한 턱과 무서운 이빨을 선물 받은 데다 이렇게 밤늦은 사냥 행태마저 지닌 탓에 이들은 이주민들에게 금방 교활한 사냥꾼이라는 명성을 얻었다. 하지만 실상은 그렇지 않다. 태즈메이니아데빌은 죽은 동물의 시체를 먹고 살기 때문이다. 고기는 물론이고 내장과 뼈, 털까지 모조리 먹어치우는데, 잡동사니 고기와 더러운 털가죽이 짬뽕된 이런 식사에는 병균과 독이 가득하다.

1990년대부터 태즈메이니아 섬에는 자동차가 부쩍 많아졌다. 태즈메이니아데빌의 입장에서 보면 나쁘지 않은 일이었다. 차에 치어 죽은 동물의 시체가 증가하면서 식단이 무척 풍요로워진 것이다. 한데, 이런 급작스런 변화가 이 동물의 면역체계를 교란시켰던 모양이다. 1996년에 이 동물들 사이에 데빌안면종양증DFTD, Devil Facial Tomour Disease이라는 질병이 발생했다. 이 질병은 머리에서 시작해 빠르게 퍼져 나가는 악성 종양으로 얼굴 피부, 목덜미, 구강 등으로 번져 결국 더 이상 음식을 먹을 수 없는 지경에 이르게까지 한다. 태즈메이니아 환경국에서 근무하는 생물학자 멘나 존스Menna Jones의 설명에 따르면 "종양의 첫 징후가 나타난 후 약 6개월이 지나면 굶어 죽는다"고 한다. 이 병은 자연치유가 되지 않아 일단 걸리면 죽음을 피할 수 없다.

데빌안면종양증은 전염성까지 있어 문제를 더욱 심각하게 만든다. 태즈메이니아데빌은 평소에는 무리를 지어 어울리는 일이 없지만 죽은 동물의 시체를 먹을 때는 서로 먹이를 차지하려고 격렬한 싸움을 벌인다. 이런 행태는 감염성 암세포가 무리에 퍼지기 쉬운 환경을 마련해준다. 태즈메이니아의 생물학자들과 수의학자들에 따르면 현재로서는 감염되지 않은 개체를 찾기가 오히려 더 어려울 정도라고 한다. 이들의 원래 개체수는 15만 마리 정도였는데 질병이 처음 발생한 이후로 벌써 절반 이상 감소했다. 한편 이것은 2001년에 불법으로 태즈메이니아 섬에 들어온 뒤 태즈메이니아데빌 때문에 심신이 고단했던 여우들에게는 기쁜 소식이 아닐 수 없다. 태즈메이니아데빌에게 암이라는 재앙이 찾아온 이후로 이 여우들은 승승장구하면서 그들의 경쟁자가 온갖 비난 속에 저지르던 닭서리 짓을 그대로 따라 하고 있다.

벌써 태즈메이니아 주민들은 그토록 싫어했던 태즈메이니아데빌을 그리워하고 있다. 닉 무니Nick Mooney는 "10년 전까지만 해도 태즈메이니아데빌은 불쾌한 냄새가 나는 성가신 동물에 지나지 않았다. 그러나 이제 사람들은 그들의 앞날을 걱정하며 호의적인 시선으로 바라보고 있다"고 말한다. 환경부로부터 특별히 태즈메이니아데빌을 관찰하는 임무를 부여 받고 파견된 생물학자인 무니는 상황을 몹시 심각하게 보았다. 태즈메이니아 섬은 이제 태즈메이니아데빌이 영원히 악마의 소굴로 떨어지는 것을 막기 위해 애를 쓰고 있지만 유감스럽게도 성공 가능성은 희박해 보인다.

스트레스는 먹으면서 푸는 게 최고지

햄스터의 못 말릴 폭식증

오물오물 도토리를 먹고 있는 귀여운 다람쥐를 보고 있노라면 이 동물이 생활력 강한 설치류의 일종이란 사실이 실감나지 않는다. 설치류에는 2,200종이 넘는 동물이 속해 있으며 전체 포유류 중 42퍼센트를 차지한다. 이는 우제류나 영장류 같은 다른 동물들은 근접하기조차 힘든 수치다.

설치류는 체중이 5그램밖에 안 나가는 멧밭쥐에서부터 50킬로그램도 거뜬히 넘어 가는 카피바라에 이르기까지 다양하다. 남극지방을 제외하고는 설치류가 서식하지 않는 곳이 없다. 이들은 인간의 도움 없이도 대양을 건너 오스트레일리아까지 진출했다. 설치류가 개척하지 못한 유일한 곳은 물이다. 그러나 대부분 채식동물인 설치류는 강철같이 단단한 앞니로 견과류를 깨물어 먹거나 나무를 갉아먹을 수 있기 때문에 부드럽고 연한 해초와 젤리 같은 해조류가 대부분인 환경에서 살지 못하더라도 그다지 아쉬울 것은 없어 보인다.

산미치광이나 벌거숭이두더지쥐 같은 일부 설치류의 수명은 20년이 넘기도 하지만 대부분의 설치류는 2년 이상을 살지 못한다. 대신 엄청나게 높은 번식률을 자랑한다. 잘 알려진 골드햄스터는 16일이라는 극단적으로 짧은 임신기간을 거쳐 최고 다섯 마리의 새끼를 낳는데 1년에 여덟 번까지 임신과 출산이 가능하다. 따라서 골드햄스터 암컷 한 마리는 1년에 모두 30~40마리의 새끼를 낳을 수 있는데, 새끼들은 평균적으로 생후 40일이면 짝짓기를 할 수 있을 정도로 성숙해진다. 이렇게 높은 출산율을 감안한다면 햄스터는 먼 친척뻘인 토끼와 달리 시력이 조금 나쁘더라도 크게 문제될 것이 없어 보인다. 햄스터에게는 와이셔츠 단추 정도 크기의 눈이 있지만 겨우 움직임을 인지하고 밝기를 구별할 수 있을 뿐이다.

햄스터는 쥐의 일종으로 생쥐와 가까운 친척이다. 대개 쥐들은 스트레스를 받으면 식욕을 상실하여 몸무게가 줄어든다고 알려져 있는데, 햄스터의 경우는 정반대다. 햄스터는 스트레스를 받으면 엄청난 식욕이 발휘되어 순식간에 지방이 쌓이고 뚱뚱해진다. 미국의 과학자들은 어린 햄스터들을 나이도 많고 힘도 더 센 햄스터 한 마리가 있는 우리에 각각 한 마리씩 7분 동안 넣어 두는 실험을 했다. 실험을 이끈 애틀랜타 조지아주립 대학의 미셸 포스터Michelle Foster는 그 결과를 이렇게 기록했다. "영역싸움은 불과 몇 초 만에 끝나고 침입자는 자신의 서열이 집주인보다 낮음을 인정했다. 그러고는 곧바로 전에 비해 현저히 왕성한 식욕을 보이며 먹어대기 시작했다."

또 스트레스에 불규칙적으로 노출될수록 식욕의 강도도 더욱 강해졌다. 인간 역시 이와 유사한 행동을 보인다. 포스터에 따르면 "인간에게든 햄스터에게든 예측하지 못한 스트레스는 미리 대비할 수 있는 스트레스보다 훨씬 더 유해하다." 햄스터와 인간의 또 다른 공통점은 스트레스로 인한 지방이 복부에 축적된다는 것인데, 이렇게 축적된 이른바 내장지방은 경색infarct의 위험을 높이기 때문에 건강에 특히 해롭다.

생리학적으로 볼 때 스트레스로 인해 식욕이 왕성해지는 현상은 염증을 억제하고 식욕을 자극하는 코르티솔이라는 호르몬의 분비로 설명될 수 있다. 하지만 이런 호르몬 분비가 생존경쟁에서 어떤 도움이 되는지는 여전히 의문이다. 물론 더 강한 상대와 싸우다가 상처를 입을 수 있기 때문에 염증 억제는 충분히 의미가 있다. 하지만 강한 식욕은 무슨 도움이 될 수 있을까? 식욕이 혹시 스트레스를 받은 햄스터의 몸집을 크게 만들어 다음번에는 경쟁자에게 겁을 줄 수 있도록 만들려는 건 아닐까? 하지만 스모선수가 아닌 바에야 몸이 뚱뚱해지면 오히려 날렵하지 못하고 둔해 보이기 때문에 상대에게 별 위협이 되지 못한다.

인간의 경우 심리학적으로 스트레스로 인한 폭식은 욕구를 적절히 충족시키지 못한 것에 대한 보상으로 분석된다. 예를 들면 마음에 드는 상대를 내가 차지하여 섹스에 이르지 못하고 경쟁자에게 넘겨주었으니 그 대신 음식이라도 실컷 먹자는 심정이다. 햄스터에게도 이런 심리가 작용하는지 여부는 알 수 없다. 하지만 아주 불가능할 것도 없어 보인다. 우리들이 간혹 일상을 다람쥐 쳇바퀴 도는 것처럼 무의미하다고 느낀다는 점을 생각해 보면 햄스터라고 해서 인간처럼 성적 좌절감을 식사로 보상 받고 싶어 하지 말란 법도 없지 않을까?

고통 없는 지하세계
벌거숭이두더지쥐의 기묘한 공동체

벌거숭이두더지쥐를 예쁘다고 생각할 사람은 아마 별로 없을 것이다. 우선 송곳니만 해도 입 안에 감추어 둘 수 없을 정도로 커서 마치 핀셋처럼 밖으로 튀어나왔다. 벌거숭이두더지쥐가 최소한 햄스터나 다람쥐처럼 부드러운 털이라도 갖고 있다면 송곳니쯤은 눈감아 줄 수도 있다. 그런데 이 동물에게는 이름에서도 알 수 있듯이 그런 털이 없다. 동아프리카의 뜨거운 준사막지대에서 땅속 생활을 하기 위해 치른 대가다. 이런 환경에서 털을 갖고 있으면 기생충이 생기기 때문에 진화 과정에서 털이 제거된 것이다. 맨 살이 그대로 드러난 채 온통 쪼글쪼글한 주름이 잡힌 벌거숭이두더지쥐는 어린 새끼들도 모두 할아버지처럼 보인다. 하지만 이 역시 진화적으로 그럴 만한 이유가 있다. 피부의

주름들은 모래를 파고 굴로 들어갈 때 내부 장기를 보호해 주는 역할을
한다.

벌거숭이두더지쥐는 지하생활에 최적으로 적응했다. 흥미로운 점은
이들이 고통을 느끼지 못한다는 사실이다. 몸에다 강한 산을 들이붓는
다 해도 별다른 반응을 보이지 않을 정도로 무감각하다. 과학자들의 추
측에 따르면 벌거숭이두더지쥐가 이런 능력을 갖추게 된 것은 이들이
생활하는 지하에 산소는 거의 없고 이산화탄소만 많아서 통각이 오랫
동안 지속되는 환경 탓이라고 한다. 만약 진화 과정에서 고통을 지각하
는 감각 기능이 상실되지 않았다면 벌거숭이두더지쥐들은 끊임없이 고
통을 느끼며 살아야 했을 것이므로 아마 오래 견디지 못했을 것이다.
어쨌든 암이나 류머티즘을 앓고 있는 환자에게 이는 너무나 부러운 능
력임에 틀림없다.

벌거숭이두더지쥐는 몸통은 실린더처럼 생겼으며 납작하게 눌린 원
추 모양의 머리는 대부분 교근으로 이루어져 있다. 이 교근은 전체 근
육의 25퍼센트나 될 정도로 크다. 눈에는 두툼한 눈꺼풀이 덮여 있고
아주 작은 귀에는 귓바퀴가 없다. 대부분 피부주름으로 덮여 있는 귓구
멍은 절치(앞니) 위쪽의 U자형 영역에 나란히 붙어 있다. 앞서도 말했
지만 이런 모습은 정말로 예쁘다고 말하기 어렵다. 하지만 어차피 인간
은 벌거숭이두더지쥐를 만날 일이 별로 없다. 물론 〈킴 파서블Kim
Possible〉이라는 애니 시리즈에서는 꼼꼼하지 못하고 덤벙대는 사내아
이 론이 늘 호주머니에 넣고 다니는 벌거숭이두더지쥐 루퍼스가 등장
한다. 루퍼스와 주인아이는 둘 다 똑같이 삐딱한 성격의 소유자다. 론

은 여자친구 킴과 함께 나쁜 악당들의 손에서 지구를 구하는데, 루퍼스는 언제나 이들의 모험에 함께하면서 강력한 앞니로 적의 기계들을 못 쓰게 만드는 따위의 역할을 한다. 하지만 진짜 벌거숭이두더지쥐들이 이 만화영화를 본다면 틀림없이 고개를 절레절레 흔들 것이다. 왜냐하면 벌거숭이두더지쥐에게 지상의 세계는 너무나 미심쩍은 곳이어서 이들은 자유와 민주주의가 산소보다도 더 희박한 지하생활을 기꺼이 감수한다.

벌거숭이두더지쥐 공동체에서는 독재자 여왕 한 마리를 위해 최고 3백 마리의 구성원들이 섹스를 포기한 채 고된 일에만 매진한다. 여왕은 가임능력을 지닌 유일한 암컷으로서 1년에 약 60마리의 새끼를 출산한다. 출산을 위해 여왕은 늘 1~3마리의 애인을 곁에 두는데, 이 수컷들은 본업인 짝짓기를 마친 뒤에는 놀랄 정도로 빠르게 늙어 죽는다.

여왕은 자신만 소유한 번식의 독점권을 아무도 넘보지 못하도록 신경을 곤두세운다. 여왕은 종종 자신의 지하왕국을 시찰하면서 다른 암컷이 눈에 띄면 사납게 공격하고 괴롭히고 압박을 가한다. 여왕의 눈에 띈 암컷은 결국 이 무서운 여왕의 발아래 엎드려 자신을 짓밟게 한다. 이때 굴욕을 당한 쪽은 엄청난 스트레스로 인해 몸에 특정 호르몬이 분비되는데, 이 호르몬은 성 호르몬의 생산을 크게 저하시킨다. 따라서 제압된 암컷은 섹스에 흥미를 잃고 불임이 되어 암흑, 중노동, 여왕의 구박, 섹스와 2세에 대한 완전한 포기 등등으로 점철된 삶을 살아간다. 이렇게 절망적인 운명은 고통을 느끼지 못하는 능력으로도 보상 받지 못한다. 이들에 비하면 오히려 일벌들의 삶이 낙원처럼 느껴질 정도다.

여왕이 수컷을 선택하여 전체의 번식을 담당하고 대다수의 집단 구성원은 고된 노동에 종사하는 생활 형태는 포유류에서는 매우 특이한 현상이다. 이런 종류의 계급사회는 개미나 벌 같은 곤충의 세계에서 주로 관찰된다. 이렇게 볼 때 벌거숭이두더지쥐들은 진화 과정에서 적어도 사회생활 면에서는 일보 후퇴한 셈이다. 그러면 이 후퇴는 생존경쟁에서 이들에게 어떤 이점을 주었을까?

이와 관련해서는 벌거숭이두더지쥐들이 먹이 부족으로 인해 어쩔 수 없이 독재를 한다는 설명이 보편적이다. 이들의 주식인 식물의 구근은 섬유질만 많고 영양소가 별로 없다. 게다가 동아프리카에는 이런 구근이 흔하지 않아서 먹이를 구하는 데도 꽤 오랜 시간이 소요된다.

결국 벌거숭이두더지쥐들은 에너지도 그다지 풍부하지 않은 먹이를 구하는 데 많은 힘을 투자해야 하는 상황이다. 이 심각한 문제를 해결하는 방법은 각 개체가 최대한 힘을 절약할 수 있도록 해보는 분업체계의 구성이다. 여왕은 후손을 생산하기 위해 주로 집에만 머무르고 여왕의 노예들은 먹이를 구해다가 새끼를 먹여 키우고 적들로부터 '국가'를 지킨다. 다시 말해, 영양이 풍부한 먹잇감을 찾기 어려운 척박한 환경에서 살아남기 위해 번식과 나머지 일을 분리해서 담당해야 했다는 것이다. 물론 이것은 어디까지나 이론일 뿐이다.

사실 제아무리 식량이 부족하더라도 반드시 벌거숭이두더지쥐들처럼 지독한 독재체제를 만들고 분업을 실행할 필요는 없다. 예를 들어 황제펭귄의 경우를 보면 암컷은 알을 낳은 뒤 먹이를 구하기 위해 몇 킬로미터를 이동하여 바닷가로 나가고 대신 수컷이 남아 알을 부화시킨다. 하지만 이 역할은 나중에 다시 바뀌어 수컷이 물고기를 잡기 위해 바다로 나가고 암컷이 그 사이 부화한 새끼들을 돌본다.

벌거숭이두더지쥐의 독특한 분업방식에는 장점만 있는 것이 아니다. 소수의 엘리트만 번식에 참여하도록 허락된다면 이는 유전자의 다양성을 해칠 수 있다. 좀 더 정확히 말하면 벌거숭이두더지쥐 사회에서는 항상 근친교배가 이루어져 사실상 모든 구성원이 서로 친척관계에 있다. 이들 중 80퍼센트는 유전적으로 동일한데 이는 지금까지 다른 어떤 동물에게서도 발견되지 않은 아주 높은 비율이다.

특정 유전자를 보존하는 데는 근친교배가 유리하다. 다른 유전자에 의해 밀려날 위험이 없기 때문이다. 그러나 전체 종으로 볼 때 이것은 큰 부담이 될 수 있고 변화하는 환경에 적응하는 유연성에 엄청난 저하를 가져온다. 벌거숭이두더지쥐들이 풍토성이 매우 높은 대표적인 동물로서 아덴만 남쪽의 극히 제한된 지역에서만 서식하는 것도 이런 이유 때문이다. 이들은 연간 강수량이 200~400밀리미터가 되는 이 지역에서만 유일하게 생존할 수 있다.

벌거숭이두더지쥐에게는 다행스럽게도 동아프리카의 기후는 오늘날까지도 비교적 안정적으로 유지되고 있다. 그러나 이곳에서 기후 변화가 시작되는 순간 근친교배와 독재로 일구어 온 이들의 공동체는 뒤떨어지는 적응력으로 말미암아 쉽사리 무너지고 말 것이다. 비록 아름답지도 강하지도 못한 종이지만 어렵사리 이어온 생명의 끈이 영원히 끊어지는 것은 비극적인 일이다.

제발 나를 귀찮게 하지 마!

신경과민성 외톨이, 레밍

곰은 강인하고 뱀은 교활하고 당나귀는 완고하고 여우는 약아 빠졌다. 우리는 이처럼 동물에게 일정한 성격을 부여하기를 좋아한다. 하지만 이런 수식어가 언제나 실제 동물의 특징을 반영하는 것은 아니다. 인간의 언어사용에서는 진실 여부보다 소통 가능성이 더 중요하다. 가령 "레밍처럼"이란 표현도 그렇다. 이 표현은 어느 집단이 지극히 비합리적인 방식으로 몰락을 향해 치달을 때 사용된다. 비합리적 행위가 곧 죽음을 뜻하지만은 않는다. 가령, 집단 패닉 상태에 빠져 주식을 팔아대는 바람에 애당초 자신들이 피하고자 했던 증시붕괴를 오히려 불러들이는 경우도 여기에 해당된다. 이처럼 어떤 식으로든 군중심리로 인해 사람들이 파멸로 향할 때마다 레밍은 사람들의 입에 오르내린다. 실제로 레밍은 쥐의 일종으로서 아주 귀엽게 생긴 동물이지만 그렇다고 "레밍처럼 행동한다"는 말의 의미를 오해하는 사람은 없다.

고대인들은 레밍이 가라앉은 아틀란티스 대륙을 찾아 헤매는 것이라고 생각했다. 그러나 이들의 집단자살이 본격적으로 유명해진 것은 디즈니 영화 〈하얀 광야〉에서다. 1958년 상영된 이 영화에서 관객들은 레밍이 떼를 지어 이동하다가 결국 절벽 아래로 떨어져 죽는 인상적인 장면을 목격했다. 하지만 이런 일은 실제로 일어난 적도 없고 앞으로도 자연에서는 절대로 일어나지 않을 것이다. 교묘한 편집에 적절한 해설을 곁들이고 거기에 극적인 음악을 가미한 결과 레밍은 '집단자살의 실행자'라는 오명을 안고 사는 운명이 되었다.

레밍의 진짜 문제는 번식주기를 통제할 능력이 없다는 데 있다. 레밍은 가까운 친척인 쥐들처럼 번식력이 매우 뛰어나다. 스칸디나비아, 북아메리카, 시베리아와 같이 추운 지방에서 살지만 동면을 하지 않고 일 년 내내 활동적이며 짝짓기에 있어서는 더욱 그렇다. 암컷 한 마리가 1년에 최고 5회까지 출산을 하는데 한 번에 대략 4~5마리를 낳는다. 그리고 새끼들 역시 몇 주 후면 짝짓기를 하기에 충분할 만큼 성적으로 성숙해진다. 이런 식으로 레밍의 수는 폭발적으로 증가할 수 있다. 실제로 추운 북쪽지방은 3~5년에 한 번씩 온통 레밍들로 북적댄다.

인구폭발은 필연적으로 식량부족 문제를 초래한다. 레밍의 경우도 예외는 아니다. 특히 겨울에는 자라는 식물이 별로 없어서 지의류, 이끼, 풀 따위에 의지해 버텨야 하는데 이런 먹이들은 레밍의 소화기관에 영양소를 거의 제공하지 못한다.

게다가 레밍은 무척 무례하고 비사교적이다. 올덴부르크 출신의 동물학자 프리츠 프랑크Fritz Frank는 이를 좀 더 학문적으로 이렇게 표현했다. "무리 안에서 이들이 보이는 행동방식은 극도의 사회적 배타성과 공격성이라는 특징을 띤다." 심지어 새끼들도 생후 14일이 지나면 더 이상 젖을 얻어먹지 못하고 피곤한 어미로부터 쫓겨난다. 레밍은 오직 자기만의 공간을 확보하고 외톨이로 살아가면서 짝짓기 시기를 제외하면 아무도 곁에 두려 하지 않는다. 주기적으로 개체수가 엄청나게 불어나기 때문에 어쩔 수 없이 서로 부대껴야 하는 동물에게 이것은 상당히 불리한 성격이다.

먹이부족과 공격적인 외톨이성향이 개체수의 폭발적 증가와 만나게 되면 레밍들은 드디어 자신이 몸담고 있는 거주지를 참을 수 없는 곳으로 느껴 길을 떠난다. 마치 민족대이동이라도 하는 것 같지만 실제로는 그렇지 않다. 여행을 나서는 대규모의 집단 속에서 각 개체는 오직 자기 생각만 하기 때문이다. 각자의 머릿속에는 단 두 가지 생각뿐이다. "배가 고프니 뭔가 먹어야겠어"와 "제발 혼자 있었으면 좋겠고 다른 멍청이들은 더 이상 보고 싶지 않아"이다. 따라서 레밍의 이동은 모든 구성원이 서로 협력하여 공동체로부터 유리한 점을 이끌어 내는 철새의 이동과는 비교될 수 없다. 이동하는 레밍의 행동은 오히려 전쟁으로 힘든 상황에서도 자기들끼리 싸우느라 서로를 더 힘들게 하는 전쟁난민들의 행동과 비슷하다.

분열된 레밍 무리는 계속해서 서로 싸우고 치고받으면서 먹이는 풍부한 반면 동료들은 별로 없는 지상낙원을 찾아 헤맨다. 하지만 목적지에 도착하는 레밍은 소수에 불과하다. 이동 중에 여러 차례 물살이 센 강을 건너야 하는데 레밍은 수영을 잘 하는 동물임에도 불구하고 이 과정에서 많은 수가 목숨을 잃는다. 살아남은 레밍은 피오르드를 따라 바닷가 방향으로 계속 이동하여 마침내 넓은 대양과 마주친다. 하지만 여전히 이동의 욕구에서 벗어나지 못한 레밍들은 지친 상태에서 그대로 물속으로 뛰어든다. 이때 마침 가까이에 섬이 있거나 파도에 휩쓸려 다시 바닷가로 떠밀려 오지 못한다면 레밍의 죽음은 피할 수 없다. 구원의 해안을 만나지 못하면 힘이 모두 소진될 때까지 계속 헤엄치다가 결국 파도에 의해 삼켜지거나 갈매기나 물고기의 밥이 된다.

레밍의 폭발적 인구증가는 당연히 천적들의 눈길을 끌기에 충분하다. 레밍의 천적은 좀도둑갈매기, 흰올빼미, 북극여우 등 다양하다. 그 중에서도 어민족제비는 특히 레밍 전문으로 겨울에도 이들을 사냥한다. 어민족제비는 자기가 좋아하는 이 먹잇감들의 번식주기에 매우 민감하게 반응한다. 이들은 레밍 무리에게서 폭발적인 인구증가의 징후가 보이면 그 즉시 자기들도 새끼를 더 많이 낳는다. 어민족제비는 임신기간이 레밍보다 길기 때문에 둘의 출산에는 약간의 시차가 있다. 아무튼 힘겨운 여행에서 살아남은 얼마 안 되는 레밍들은 졸지에 대규모의 어민족제비 강도떼로부터 공격을 받게 된다. 이렇게 하여 이미 그 수가 크게 줄어든 레밍 무리의 대부분이 희생되는 일대 살육전이 벌어진다. 불과 수개월 전에 낙원을 향해 호기롭게 길을 떠났던 수백만 대군 중에서 이제 살아남은 자는 낙오병 몇몇에 지나지 않는다.

이런 대규모의 희생에도 불구하고 레밍이 살아남을 수 있는 이유는 암컷들이 1~2년에 불과한 생존기간 중에 30마리 이상의 새끼를 낳는 덕분에 무리의 수가 신속히 회복되는 데 있다. 하지만 이렇게 높은 출산율은 인구의 폭발적 증가를 가져오고, 그럼으로써 레밍들은 주기적으로 무리의 수가 급격히 증가했다가 다시 급격히 줄어드는 굴곡을 감수해야 한다. 결국 진화는 레밍에게 큰 문제이면서 동시에 문제의 유일한 해결책이기도 한 짐을 지워준 셈이다. 좀 더 손쉬운 삶도 가능하지 않았을까? 하지만 진화가 참여자들의 생활고를 덜어 주기 위해 노력했다는 기록은 어디에서도 찾아볼 수 없다.

열 받으면 눈에 뵈는 게 없어!

코뿔소가 자동차에 시비 거는 이유

관광객을 가득 실은 소형버스가 나미비아의 에토샤 국립공원을 돌아다니고 있다. 약방의 감초 격인 영양들과 굴 밖으로 얼굴만 살짝 내민 사향고양이 몇 마리를 빼면 아직 이렇다 할 볼거리가 나타나지 않는다. 그저 평범한 풍경이 펼쳐진다. 가이드의 얼굴을 보니 사향고양이를 좋아하지 않는 표정이 역력하다. 어쩌면 이 녀석들이 가이드가 짚을 엮어 만든 오두막이라도 망가뜨린 적이 있을지 모른다.

그런데 갑자기 흥미진진한 일이 벌어졌다. 검은코뿔소 모자가 도로를 가로질러 덤불 속으로 사라지더니 곧이어 높이가 거의 사람 키에 몸무게도 2톤은 족히 나갈 것 같은 수컷 한 마리가 눈앞에 나타난 것이다. 수컷은 도로 한가운데에 버티고 서 있다. 운전기사는 엔진을 끈 다음 수컷과의 거리가 불과 30미터밖에 되지 않을 때까지 차가 그냥 굴러가도록 놔두었다.

검은코뿔소는 미심쩍은 눈으로 오랫동안 버스를 바라보다가 덤불 속으로 사라졌다. 관광객들은 한편 안도하면서도 동시에 실망하는 분위기다. 그러나 고요함은 오래가지 않는다. 코뿔소가 갑자기 되돌아와서는 버스를 향해 돌진했기 때문이다. 꽝 하는 충돌음과 함께 버스가 출렁이고 긁히는 소리도 들린다. 그 바람에 창밖으로 떨어진 어떤 관광객의 카메라가 코뿔소의 발에 여지없이 박살난다. 이윽고 수컷은 고개를 꼿꼿이 치켜들은 채로 터벅터벅 걸어서 어디론가 사라진다. 수컷의 이런 모습이 승리의 표현이란 것은 굳이 동물심리학자가 아니더라도 충분히 짐작할 수 있다.

나중에 못쓰게 된 카메라의 주인은 가이드와 함께 에토샤 공원의 야생동물보호센터로 가서 코뿔소 충돌 사건의 피해보상에 관해 문의했다. 물론 코뿔소는 책임보험에 가입되어 있지 않기 때문에 좀 우스운 상황이기는 하다. 에토샤의 자연보호 총책임자인 셰인 쾨팅Shane K?ting 은 그 수컷이 반복적인 범행자가 아니냐는 카메라 주인의 의혹을 인정하지 않았다. 그는 "과거에도 검은코뿔소가 자동차를 공격하는 일이 여러 차례 있었지만 결코 규칙적인 행동이거나 특정한 동물의 단독 소행은 아니었다"고 말한다. 그러면서 아마도 검은코뿔소 수컷이 암컷에게 관심이 있어서 그랬을 것이라는 추측을 내놓았다. 비록 새끼를 데리고 있는 암컷이었지만 수컷에게 암내를 풍겼을 가능성은 충분하다. 그래서 수컷이 버스를 경쟁자로 생각하고 공격했으리라는 것이다. 버스를 코뿔소로 착각하다니, 관광객으로서는 당연히 수긍하기 어려운 설명이다. 하지만 나미비아에서는 이런 일이 드물지 않을 뿐더러 코뿔소는 한시라도 빨리 안경점을 찾아가야 할 동물로 유명하다. 유럽에서 두더지가 눈이 어두운 동물의 대명사격이라면 아프리카에서는 코뿔소가 그에 필적하는 명성을 얻고 있다.

그렇다면 아프리카에 서식하는 다른 우제류Artiodactyla들은 모두 시력이 괜찮은 편인데 왜 유독 코뿔소만 진화 과정에서 그렇게 나쁜 시력을 얻게 된 걸까? 물론 검은코뿔소는 그 대신 후각과 청각이 뛰어나

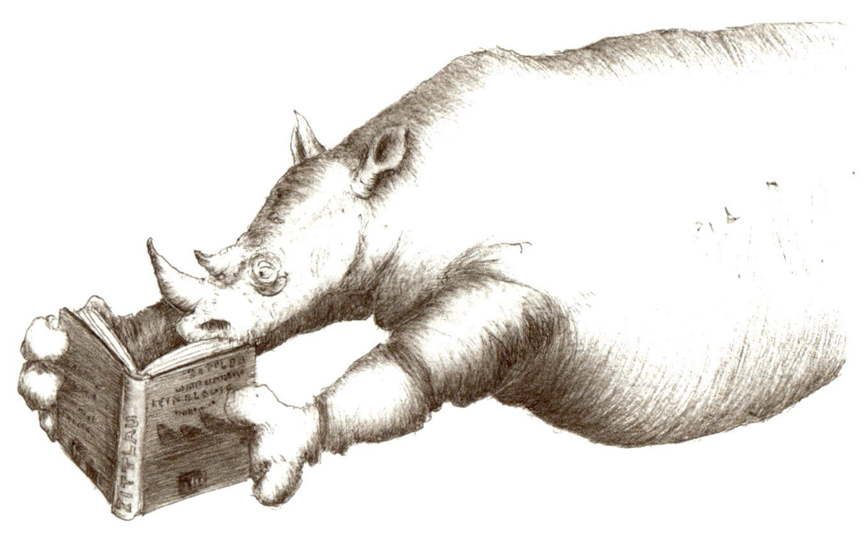

다. 하지만 그렇다고 넓디넓은 초원에서 좋은 시력이 해가 될 리는 없지 않은가?

과학자들에 따르면 코뿔소는 사실 그렇게 눈이 나쁜 것은 아니며 다만 인지능력이 떨어질 뿐이라고 한다. 눈으로 본 대상을 인지하기까지 시간이 조금 걸린다는 의미다. 그 원인은 아직 정확히 밝혀지지 않았지만 눈 자체의 문제보다는 뇌 안에서 상像이 형성되는 과정과 극단적으로 바깥쪽으로 벌어져 있는 두 눈의 위치 때문일 것으로 추정된다.

확실한 것은 코뿔소가 쉽게 불안을 느끼고 잘 놀란다는 사실이다. 이들은 후각을 이용하여 적을 조기에 감지할 수 있지만 후각으로 알아차린 위험이 어느 정도인지를 눈을 통해 정확히 확인할 수가 없어서 스트레스를 받는다. 예를 들어 개는 그런 능력이 탁월하다. 개는 정체 모를 무언가의 냄새를 맡거나 귀로 들으면 잔뜩 긴장하여 낯선 대상이 있는 곳으로 추정되는 지점을 골똘히 쳐다본다. 그리하여 시각적으로 파악한 그 대상이 위험하지 않은 것으로 분류되면 긴장을 풀고 다시 즐기 시작한다. 그러나 코뿔소에게는 이런 시각적 안정제가 부족하다.

물론 코뿔소는 그처럼 취약한 지각능력에도 불구하고 지금까지 진화과정에서 성공적으로 살아남았다. 암컷은 4~8살이 되어야 성적으로 성숙하지만 평균수명이 최고 50세에 이르기 때문에 후손을 퍼뜨릴 시간은 넉넉하다. 특히 아프리카의 코뿔소는 몸집이 아주 커서 천적이 거의 없다. 다만 짝짓기상대를 찾지 못해 절망에 빠진 코끼리 수컷이 간혹 코뿔소 암컷에게 달려들어 문제를 일으킬 때가 있지만 사자, 표범, 하이에나 같은 통상적인 포식자들은 이들을 보면 오히려 제 편에서 먼저 피한다.

코뿔소의 유일하고도 가장 잔인한 적은 인간이다. 인간이 코뿔소의 뿔을 얻기 위해 이들을 마구 사냥한 결과는 치명적이다. 자바코뿔소와 수마트라코뿔소는 불과 몇 백 마리밖에 남지 않았고 인도코뿔소도 3천 마리가 채 되지 않는다. 이 정도면 종의 생존을 보장하기가 어렵다. 아프리카에 서식하는 두 종류의 코뿔소는 극단적인 보호정책을 통해서 겨우 멸종의 위기에서 벗어날 수 있었다.

세렝게티의 잠 못 이루는 밤

기린의 고단한 삶

아라비아에서는 기린을 '제라페'라고 부른다. 사랑스러운 동물이라는 뜻이다. 실제로 기린의 얼굴을 들여다보면 왜 그런 이름을 붙였는지 금방 알 수 있다. 갸름한 얼굴, 앙증맞은 뿔, 그리고 무엇보다도 왕방울만한 눈과 긴 속눈썹은 하마 따위의 투박한 얼굴에 비하면 우아하기 그지없다. 그러나 기린을 전체적으로 관찰해 보면 사랑스럽고 우아하다는 것 말고 놀랍다는 또 다른 수식어가 자연스럽게 떠오른다. 예전에 로마인들은 기린을 낙타와 표범의 혼혈로 추측하여 '카멜로파달리스 Camelopardalis' 라고 부르기도 했다.

기린이 5미터가 넘는 키와 뻣뻣한 롱다리 그리고 2미터에 이르는 긴 목을 갖게 된 이유는 분명하다. 기린의 눈은 등대처럼 높은 위치에서 주위를 잘 살필 수 있는 까닭에 멀리 있는 적도 쉽게 알아본다.

또 기린은 목이 긴 신체구조 덕택에 먹이의 '틈새시장'을 확보할 수 있다. 초원에 서식하는 다른 우제류들이 주로 대지 가까운 곳의 식물을 뜯어먹으며 서로 경쟁관계에 있는 반면에 기린은 홀로 여유롭게 나무 꼭대기에서 먹을 것을 찾는다. 기린은 특히 아카시아를 좋아하는데, 혀로 나뭇가지를 휘감아 입 속에 넣은 후에 머리를 뒤로 빼는 방식으로 나뭇잎을 훑어먹는다. 그런데 이것은 말처럼 그렇게 쉬운 일만은 아니다. 아카시아는 적에게 먹히지 않으려고 날카로운 가시를 품고 있기 때문이다. 하지만 기린의 긴 혀는 이에 아랑곳하지 않고 나뭇잎을 입 안으로 쓸어 담으며 실제로 거의 아무런 상처도 입지 않는다.

그러나 방해 받지 않는 조용한 식사와 이를 위해 마련된 특별한 신체구조는 그에 상응하는 값비싼 대가를 요구한다. 기린의 다리는 매우 뻣뻣할 뿐만 아니라 앞다리가 뒷다리보다 상당히 긴 탓에 생애의 대부분을 서서 지내야 한다. 누운 자세에서 다시 일어나 공격자에게 뒷발질 가격을 준비하기까지 너무 오랜 시간이 걸리기 때문에 함부로 누워 있다가는 포식자의 수중에 떨어지기 십상이다. 이를 잘 아는 사자는 도망가는 기린이 몸의 중심을 잃고 넘어지도록 유도하려고 애를 쓴다. 실제로 기린은 결코 잘 달리는 동물이 아니어서 사자의 이런 시도는 꽤 잘 먹히는 편이다. 1960년에 동물학자 한스 빌헬름 스몰리크는 동물사전에 "뛰어가는 기린의 모습은 마치 억지웃음을 지으려 애쓰는 사람의 얼굴을 보는 것 같다"고 썼다. 또 "앞다리를 둘 다 동시에 들어 올리려면 육중한 앞쪽 몸통의 무게를 덜기 위해 목을 뒤로 많이 젖혀야 한다. 그래서 기린의 목은 마치 파도에 흔들리는 배의 돛대처럼 뛸 때마다 매번 앞뒤로 기우뚱거린다."

도주와 관련된 기린의 또 다른 문제는 빠른 걸음으로 기민하게 달릴 수 있는 능력이 부족하다는 것이다. 위험이 닥쳤을 때 기린은 정지 상태에서, 혹은 편안한 느린 걸음에서 곧바로 전력질주 모드에 돌입해야 한다. 자동차 전문가들은 이런 식으로 기어를 갑자기 저단에서 고단으로 비정상적으로 변속시키면 연료(에너지)가 많이 소모될 뿐만 아니라 기어도 손상되므로 반드시 피해야 한다고 충고한다. 두 번째 이유는 몰라도 첫 번째 이유는 확실히 기린에게도 해당된다. 기린은 도주할 때 엄청난 에너지 소모로 인해 오랜 시간 전력질주를 할 수가 없다.

또 기린의 엄청나게 큰 키는 물 한 모금 마시는 것을 너무나 힘겨운 일로 만든다. 물을 마시려면 거의 곡예에 가까운 수준으로 다리를 넓게 벌리고 목을 조심스레 앞으로 숙여야 한다. 이 자세에서도 빠른 도주가 불가능하다. 그래서 사자와 악어는 특히 이때를 기다려 기린을 공격한다. 물론 악어는 다른 동물을 잡을 때처럼 기린을 통째로 물속으로 끌고 들어가지는 못한다. 그러나 적지 않은 기린들이 갈증의 대가로 악어에게 머리를 물려 치명적인 상처를 입는다. 불행 중 다행이라면 기린은 자주 갈증을 느끼지 않는다는 사실이다. 갈증에 대해서라면 기린도 낙타만큼이나 강하다.

반면에 식욕은 둘째가라면 서러울 정도로 왕성하다. 기린은 키가 크기 때문에 몸무게도 엄청나서 다 자란 수컷의 몸무게는 무려 900킬로그램에 육박한다. 포만감을 느끼려면 하루에 족히 30킬로그램의 잎사귀는 먹어 치워야 한다. 이는 총 노동시간이 16~20시간이나 되는 고된 작업이다. 우선 초원을 돌아다니며 적합한 나무를 찾아야 한다. 이때 잎사귀를 훑어 먹는 방식은 매우 정교한 기술임에는 틀림없지만 시간 절약형 식사법은 아니다. 배가 부를 때까지 나뭇가지에 달린 잎사귀들을 공들여 훑어 먹으려면 시간이 제법 걸릴 수밖에 없다.

그렇다면 기린은 식사 외에 수면과 같은 다른 중요한 일들은 어떻게 처리할까? 우선 기린은 충분한 식사를 위해 수면시간을 최소한으로 줄인다. 성인 기린의 수면시간은 하루에 10분에서 2시간 정도에 불과하며 그것도 선 채로(!) 잠을 잔다. 이것은 육체적, 정신적 충전을 위해서는 충분치 못한 시간이다. 기린의 심장은 깨어 있는 동안 1분에 60리터의 피를 거대한 몸을 통과하여 뇌에까지 펌프질해야 하므로 휴식이 절실한데 말이다. 이처럼 충분한 휴식을 취하지 못한 결과 기린은 그 정도 몸집의 포유류에게는 예외적으로 자연수명이 채 25세를 넘지 못한다.

이렇게 짧은 생존기간 중 3분의 2를 먹이를 섭취하는 데 사용해야 한다면 기린 암컷이 새끼를 낳는 데 쓸 수 있는 시간이 그리 많지 않으리란 건 쉽게 짐작할 수 있다. 게다가 암컷은 4살이 되어야 비로소 성적으로 성숙하며 임신기간도 최고 15개월에 이른다. 또 출산 후 1년 반 동안은 새끼를 기르는 일에만 전념해야 한다. 이 시간을 모두 더해 보면 기린 암컷이 일생동안 낳을 수 있는 새끼는 4~5마리를 넘기 어렵다. 그런데다가 새끼의 삶은 높은 거리의 자유낙하와 더불어 시작된다.

엄마 기린은 선 채로 새끼를 낳는다. 앞서 언급했듯이 누운 자세는 너무 위험하기 때문이다. 그 결과 새끼는 무려 2미터 높이에서 메마르고 풀도 풍성하지 않은 딱딱한 땅바닥으로 낙하해야 한다. 이 과정에서 새끼는 종종 상처를 입기도 한다.

아무튼 갓 태어난 새끼는 바닥에 내던져진 채 얼마간 그대로 있어야 하고, 몇 시간 뒤에 후들거리는 다리로 간신히 일어선다 해도 사자, 하이에나, 들개와 같은 포식자들의 좋은 먹잇감으로 전락하기 쉽다. 또 새끼의 면역체계가 완성되기까지는 3개월 정도의 시간이 걸리기 때문에 그동안 각종 박테리아, 바이러스, 균류 등에도 쉽게 노출된다.

이런 각종 위협들 때문에 새끼 기린이 무사히 어른 기린으로 자라나는 비율은 25퍼센트밖에 되지 않고 나머지는 모두 중간에 도태된다. 여기에 기린의 출산율이 낮다는 사실까지 감안하면 이 종이 앞으로도 계속 진화에서 살아남기란 쉽지 않아 보인다.

이런 이유들 때문에 기린은 이미 수천 년 전부터 꾸준히 멸종 위기와 싸워야 했다. 빙하기까지만 해도 전 세계에 걸쳐 열여섯 종류의 기린이 존재했던 것으로 보이는데, 현재는 아프리카 초원의 기린과 콩고 열대우림에 사는 기린과의 오카피 단 두 종류만 살아남아 있다.

현재 지구상에 살고 있는 기린은 약 11만 마리 정도다. 하지만 2007년 말 케냐와 미국의 생물학자들은 그중 몇 가지 아종subspecies의 기린들이 심각한 멸종 위기에 직면했다고 경고했다. 예를 들어 그물무늬기린은 3천 마리밖에 남지 않았고, 서아프리카와 나이지리아에 서식하는 기린의 수는 100~160마리 정도가 고작이다. 물론 여기에는 인간들의 끊임없는 내전과 밀렵도 한몫을 했다. 안타깝게도 기린에게는 대다수의 다른 동물들처럼 높은 번식률을 통해서 이러한 위협을 보정할 능력이 없다.

혈통은 같아도 성정은 천차만별
영양 가문의 두 형제 이야기

고대에서 영양은 말 그대로 전설적인 명성을 누리고 있었다. 영양은 당시에 상상의 동물 목록에 이름을 올리고 있었다. 날렵하기 그지없어 사냥꾼이 도저히 따라잡을 수 없고 설령 붙잡는다 해도 나무도 베어버리는 날카롭고 강한 뿔을 상대해야만 한다. 그래서 전설에 따르면 사냥꾼이 영양을 잡을 수 있는 방법은 단 하나, 영양의 큰 뿔이 덤불에 걸리기를 기다리는 것이었다. 이로써 우리는 영양을 이해할 수 있는 단서 한 가지를 얻었다. 영양은 아름답고 우아하고 재빠르고 놀라운 방어능력을 갖추었지만 단점도 지녔다는 사실이다.

누를 예로 들어보자. 독일의 동물학자 한스 빌헬름 스몰리크는 누를 가리켜 "영양 중에서 가장 놀랍고 독특한 누는 조물주가 장난기가 발동하여 창조한 피조물 같다. 온통 털로 뒤덮인 넓적한 소의 머리, 힘차고 길게 뻗은 말의 몸통, 가젤처럼 날씬한 다리는 변덕이 죽 끓듯 하고 예측할 수 없는 누의 성격과 잘 맞아 떨어진다"고 적고 있다. 실제로 누는 평화롭고 여유롭게 풀을 뜯다가도 갑자기 몸을 곧추세우고 앞발과 뒷발을 차대며 머리를 이리저리 흔들어 주위에 있던 얼룩말과 스프링영양을 놀라게 만들 때가 한두 번이 아니다. 누는 아무런 이유 없이, 그러니까 적이 근처에 있거나 수컷끼리 싸움을 벌일 때가 아니라도 자주 이런 곡예를 펼친다.

또 한편으로 아프리카 초원에 서식하는 동물들은 누의 이런 행동에 이미 이골이 나 있다. 누는 평생 장난치기 좋아하고 호기심 많은 어린아이 같으며 같은 종이든 아니든 상관없이 다른 동물들 놀리기를 좋아한다. 얼룩말, 스프링복, 버펄로, 타조 등 아무에게나 장난을 걸거나 달리기경주를 하자고 덤비며 심지어는 이들의 꼬리를 잡아당기기도 한다. 겉모양은 소를 닮았지만 하는 짓을 보면 영판 어린아이 같은 이 영양은 자신의 특정한 행동이 어느 정도까지 상대에게 받아들여지는지 시험해 보기를 즐긴다. 이는 생존경쟁에서 적응성을 확보해 주는 행동이기 때문에 충분히 유용한 방식이라 하겠지만 반대로 종의 보존을 위험에 빠뜨릴 수도 있는 특징이다. 장난스러운 행동에 대한 호기심이 예상치 못한 위험을 초래할 수 있기 때문이다.

약 1백만 마리에 달하는 누의 무리는 매년 새끼들이 태어난 탄자니아의 세렝게티 대평원을 떠나 먹이가 풍부한 케냐의 초지를 향해 북쪽으로 이동한다. 이 여행 중에 누는 마라 강을 건너야 하는데 이곳에는 수많은 악어들이 도사리고 있을 뿐만 아니라 강의 흐름도 예측이 불가능하게 급변한다. 2007년 여름에 누의 무리가 이 강을 건널 때는 마치 바다에서 큰 파도가 치는 것처럼 물살이 급하고 험난했다. 게다가 이들이 도강을 시도한 장소는 너무나 가파르고 높아서 일단 강물로 뛰어들면 다시 뭍으로 되돌아 나올 수가 없었다. 그 결과 수천 마리의 누가 악어에게 잡아먹히거나 강물에 휩쓸려 떠내려가는 참변이 일어났다.

물살이 조금 약해지는 시기를 기다리거나 아니면 다른 지점을 택해서 강을 건널 수도 있었지만 누의 무리는 그렇게 하지 않았다. 마라 자연보호협회의 테릴린 르메르Terilyn Lemaire는 "누떼가 그처럼 치명적인 루트를 선택할 수밖에 없었던 피치 못할 이유는 없었고 그냥 그렇게 행동했을 뿐"이라고 설명한다. 그렇다면 누는 앞뒤 안 가리고 죽음의 물살에 무작정 뛰어들 정도로 어리석을까? 아마 그렇지는 않을 것이다. 누의 놀이욕구만 보아도 이들이 꽤 괜찮은 지능을 지녔을 가능성이 크다. 따라서 그보다는 호기심("어떻게 되나 한번 보자"), 자기과대평가("난 끄떡없을 거야"), 집단본능("다들 하는데 뭐")이 적절히 혼합되어 이런 재앙이 초래되었을 것으로 보인다. 마라 강변의 참변이 궁극적으로 어떤 원인에서 발생했든 간에 이는 자연의 '사고와 실수'임이 분명하며, 종의 보존을 생각한다면 결코 자주 일어나서는 안 되는 일이다.

영양의 세계에서 다이커영양은 누와는 정반대의 존재다. 그렇기 때문에 인간에게도 별로 알려져 있지 않다. 실제로 다이커영양은 들판에서 거의 찾아볼 수가 없다. 우선 이들은 야행성으로 밤에만 숲과 덤불 사이를 돌아다니기 때문에 낮에는 기껏해야 그들이 남긴 배설물 더미만이 눈에 뜨인다. 이들은 초원에 온전히 모습을 드러내는 일이 없다. 마치 비밀첩보원이라도 되는 듯이 고개를 깊이 숙이고 등을 구부린 채로 한 은신처에서 다른 은신처로 소리 없이 살금살금 이동한다. "절대로 남의 눈에 띄지 않는다"가 이들의 표어다.

사실 눈에 띄지 않기 전략은 진화의 관점에서 상당히 성공적일 수 있는 특징이다. 가령 쥐들만 해도 그 수가 엄청나게 많을 텐데도 사람들의 눈에 좀처럼 띄지 않는다. 다이커영양의 문제는 이들이 독신으로 살아가거나 아니면 일부일처제를 고수한다는 점이다. 다시 말해서 다른 영양들과 달리 이들은 집단이 주는 보호막을 포기하는데, 이것은 다이커영양처럼 겁 많고 소심한 동물에게는 생존경쟁에서 심각한 단점으

로 작용한다.

그리하여 정글에서 다이커영양은 사냥하기 손쉬운 상대로 유명하다. 특히 서아프리카의 맥스웰스다이커는 문제가 심각하다. 이 소심한 동물에게는 표범과 비단구렁이뿐만 아니라 심지어 검은관머리말똥가리까지도 천적이다. 몸집만 보면 독수리의 일종인 검은관머리말똥가리는 영양의 천적이 되기 어렵다. 영양은 다 자랐을 때의 몸무게가 최고 10킬로그램이나 되고 새끼 때도 이미 검은관머리말똥가리보다는 훨씬 몸무게가 많이 나가기 때문이다. 그러나 독수리들 중 홀로 은둔자처럼 사는 것으로 유명한 검은관머리말똥가리는 이런 무게 차이에 전혀 개의치 않는다. 칼로리도 별로 없는 설치류나 다른 새를 사냥하는 일보다 훨씬 적은 수고와 에너지를 들여 맛있는 고기를 충분히 얻을 수 있는 기회이기 때문이다.

맥스웰스다이커의 또 다른 문제는 제대로 활성화되지 못한 면역체계다. 그리하여 수많은 벌레들과 단세포동물, 그리고 8종의 진드기와 늘 힘겨운 싸움을 벌여야 한다. 이것이 건강과 수명에 부정적 영향을 미치는 것은 물론이다. 이런 이유로 야생의 다이커는 5년 이상을 생존하기 어렵다. 보통 수명이 짧은 동물들은 높은 번식률로 이를 보완하지만 다이커영양의 경우는 그렇지 못하다. 맥스웰스다이커는 세 살이 되어야 성적으로 성숙하고, 게다가 암컷은 1년에 새끼를 한 마리밖에 낳지 못한다. 결국 다이커 부부는 평생 2~4마리의 자손을 얻는 게 고작이다. 이것은 종족보존을 위해 결코 충분한 수치가 아니다.

아빠는 만날 오빠만 좋아해!

사슴 아빠들의 편향적 취향

"아빠랑 똑 닮았네"라는 말은 갓난아기 때는 그럭저럭 기분 좋게 들릴지 모르지만, 여자 아이일 경우에는 자랄수록 부담스럽고 난감한 말이 된다. 여자가 떡 벌어진 어깨에 각진 턱, 굵은 저음의 목소리, 게다가 수염까지 부슬부슬하다면 누가 좋아하겠는가? 파트너시장에서 이런 여자가 남자를 만날 기회는 제로에 가깝다. 아버지를 진정한 사나이로 만들어 주는 특징들이 고스란히 딸에게 전달되었다면 그 딸은 미운 오리 새끼 신세다. 그래서 모든 아버지들은 자연의 유전적 은총을 기원할 때 딸에게는 좁은 어깨와 소프라노 목소리, 그리고 풍만한 엉덩이가 주어지기를 바란다.

반면 동물의 세계에서는 강한 아버지들이 자신의 장점을 최대한 딸과 아들에게 골고루 전달해 주고 싶어 한다. 여기서는 아무리 암컷이라고 해도 작고 날씬한 몸과 연약한 힘으로는 생존경쟁에서 살아남기 힘들기 때문이다. 그런데 유독 사슴들만은 전혀 그렇지가 않다. 사슴들에게서는 진화가 제 꾀에 스스로 넘어간 것처럼 보인다.

에든버러 대학의 캐시 포스터Kathi Foerster 연구팀은 스코틀랜드에 사는 붉은사슴 3,600마리를 대상으로 부모의 성공과 그 후손의 성공 사이에 어떤 상관관계가 있는지를 조사했다. 이럴 때 진화생물학자들이 말하는 성공이란 생존율과 번식률을 뜻한다. 조사 결과 성공적인 우두머리 사슴들의 아들들은 튼튼하고 강한 반면 딸들은 작고 빈약했다. 즉 우수한 사슴은 자신의 유전자를 아들에게만 물려주고 딸에게는 주지 않았다. 이는 어떤 종에서든 가장 우수한 개체가 가장 많은 수의 후손을 생산한다는 진화와 자연선택의 법칙에 전혀 일치하지 않는다. 우수한 후손이 생산되려면 무엇보다도 암컷의 건강이 중요한데, 이를 고려하면 사슴 딸 역시 아빠의 우수한 유전자를 더 많이 물려받는 편이 훨씬 더 좋았을 것이다.

이런 모순적 상황에 대한 포스터의 설명은 이렇다. "수컷의 생존능력을 향상시키는 우수한 유전자가 반드시 암컷에게도 항상 좋은 유전자는 아니다. 이것을 우리는 '성 대립적 선택'이라고 부를 수 있다." 다시 말해서 자연이 수컷과 암컷을 공평하게 생존경쟁에 적응시키는 방법을 미처 발견하지 못했다는 뜻이다.

사슴 이야기를 계속 해보자면, 이들의 기이한 점은 여기서 그치지 않는다. 가령 사슴 종류 중에서 몸집이 가장 큰 엘크(말코손바닥사슴)는 뿔이 돋아날 때 가려움이 심한 편이라 괴상망측한 자세로 몸을 비틀며 머리를 긁어 댄다. 게다가 가을만 되면 주기적으로 엄청난 양의 사과를 먹는데 이 사과가 위 속에서 발효하는 바람에 술기운이 올라 난동을 부릴 때도 많다. 아마 고향인 북유럽 지역에서의 생활이 너무 황량하고 단조로워서 이런 돌출 행동을 통해 잠시라도 변화를 맛보고 싶었던 것인지도 모른다.

아시아, 아메리카, 그린란드의 툰드라에는 이들과 전혀 다른 성격을 지닌 사슴들이 살고 있다. 바로 순록이다. 순록은 우선 뿔이 매우 특이하다. 이들의 뿔은 가지가 무성하고 비대칭이고 불규칙하다. 또 마치 개성을 드러내는 중요한 수단이라도 되는 듯 똑같이 생긴 뿔이 하나도 없다. 더 놀라운 사실은 암컷에게도 뿔이 있다는 것이다. 암컷의 뿔은 순록 이외의 다른 어떤 사슴에서도 발견되지 않는다. 이렇게 유독 순록의 암컷에게만 뿔이 있는 이유는 아직까지도 밝혀지지 않았다. 게다가 순록의 뿔에는 끝에 조그만 삽까지 달려 있다. 그래서 처음에 사람들은 순록의 뿔이 눈을 치우고 주식인 풀을 먹기 위해 생겨난 것이 아닐까 추측했다. 이것은 암컷과 수컷 모두에게 유용한 기능이기 때문이다. 그러나 실제로 순록은 눈을 치울 때 발굽을 사용하므로 암컷에게 뿔이 있는 이유는 여전히 밝혀지지 않은 셈이다. 암컷의 뿔은 우두머리 수컷이 짝짓기상대를 선택할 때도 아무 역할을 하지 못한다. 우두머리 수컷은 질보다 양을 추구하기 때문에 최대한 많은 암컷들과 짝짓기를 하는 데만 온통 관심이 있을 뿐 누가 어떤 머리장식을 하고 있는지 따위는 거들떠보지도 않는다.

수컷의 뿔은 가을에 없어지고 암컷의 뿔은 봄에 없어진다. 간혹 옆으로 난 가지들만 먼저 떨어져서 순록의 머리 위에 막대기 하나만 외로이 솟아 있는 것처럼 보일 때가 있다. 이런 모습은 순록을 신비로운 존재로 만들기에 충분하다.

순록의 무리는 북극의 매서운 겨울을 피해 최고 5천 킬로미터에 달하는 거리를 이동해야 한다. 이는 육지에 서식하는 포유류 중 단연 최고 기록이다. 이런 대이동을 감행하려면 남다른 강인함이 필요할 뿐만 아니라 먹이도 충분해야 한다. 그런데 메마른 툰드라에서 풍부한 먹이를 찾기란 쉬운 일이 아니다. 순록은 풀, 지의류, 이끼, 버섯 등을 주식으로 먹는데 이런 식사에는 양질의 단백질이나 미네랄이 별로 들어 있지 않다. 그래서 장거리 여행을 하는 사슴들 중에는 인간이 제공하는 특별음료를 즐겨 받아 마시는 녀석들이 있다.

스웨덴과 핀란드의 순록사육사들이 겨울에 야외에서 소변을 보지 말라고 경고하는 이유는 바로 이 때문이다. 갑자기 불청객이 나타날 수 있기 때문이다. 3천 년 이상 지속된 것으로 추정되는 순록과 인간의 파트너십 역사를 통해 순록은 인간의 소변에 그들이 절실하게 필요로 하는 소금이 함유되어 있음을 터득했다. 그렇기 때문에 주변에서 누군가가 소변을 보면 즉시 달려와서 노랗게 물든 눈을 맛있는 아이스크림처럼 핥아먹는다. 이들은 소변을 먹어야겠다는 일념에 사로잡힌 나머지 텐트나 썰매를 망가뜨리기도 한다. 이 때문에 몽골의 유목민들은 아이들에게 텐트에서 멀찌감치 떨어져 소변을 보도록 가르친다. 가장 나은 방법은 차라리 순록이 핥아먹을 수 있는 소금덩어리를 몇 개 놓아주는 것이다.

그런데 인간이 아니라면 순록은 미네랄을 어떻게 보충할까? 오줌을 갈기는 곰이라도 기다려야 할까? 곰의 식단에 올라 있는 처지에서 그것은 결코 좋은 해결책이 아니다. 결국 순록은 미네랄 공급과 관련해서 인간에게 상당히 의존된 상태라고 말할 수밖에 없다. 이것은 매우 우려스러운 일이다. 왜냐하면 그들이 선택한 파트너는 동물을 대할 때 변덕이 죽 끓듯 하기 때문이다.

순록에게 먹이조달의 문제는 비단 소금섭취에만 그치는 것이 아니다. 툰드라 환경에서 3백 킬로그램이나 나가는 몸뚱이에 충분한 영양을 공급하기가 쉽지 않기 때문이다. 또 암컷은 임신 상태로 겨울을 나야 한다. 굶어 죽지 않으려면 최대한 지방을 비축해야 하지만 또 한편으로 늦은 봄 태어날 새끼들을 적으로부터 보호하려면 날렵한 몸매를 유지해야 한다. 그러므로 암컷들은 자신에게 이상적인 몸무게를 찾아 월동에 필요한 지방과 날렵함 사이에 균형을 유지한다. 노르웨이의 생물학자 페르 페우칼Per Fauchald의 관찰에 따르면 암컷들은 주어진 먹이와 무관하게 몸무게를 잘 관리한다. 페우칼은 암컷 30마리를 따로 떼어놓고서 겨울 내내 먹고 싶은 것을 마음껏 먹도록 했는데 이들은 칼로리가 낮은 먹이만 제공한 비교집단의 동물들에 비해 단 1킬로그램의 체중도 더 늘지 않았다.

결론적으로 순록 암컷은 자신들이 원하는 몸무게를 유지할 수 있는 식단과 물질대사프로그램을 갖추고 있어서 이듬해 봄에 새끼가 태어날 때까지 적정 몸무게에서 1킬로그램도 더 나가거나 덜 나가지 않는다. 물질적 풍요의 사회를 살아가는 현대 여성들에게는 꿈에서나 가능한 일이다.

크다고 다 좋은 건 아니야

딸기가 곰에게 도움이 되지 않는 이유

곰은 인간과 친근하게 교감할 수 있는 동물일까? 아니면 무서운 맹수일 뿐일까? 쉽게 답하기 어려운 문제다. 아무튼 티모시 트레드웰

Timothy Treadwell과 베르너 헤어초크Werner Herzog는 이 문제에 관해 의견 일치를 보지 못했다. 트레드웰은 알래스카에서 13년간 알래스카불곰들과 함께 지내다가 결국 이들에 의해 살해되었다. 그 후 베르너 헤어초크는 트레드웰의 삶에 관한 영화를 만들었고, 이때 트레드웰이 촬영한 영상자료들을 영화에 활용했다. 영화의 마지막에는 곰이 몇 초 동안 카메라를 응시하는 장면이 나온다. 커다란 머리에 공허하고 짙은 눈을 가진 곰이다. 트레드웰이 죽기 직전에 촬영한 이 장면에 대해 헤어초크는 이런 해설을 곁들인다. "그가 촬영했던 모든 곰들의 얼굴에서 나는 어떤 영혼의 동질감이나 이해심과 자비심 같은 것을 전혀 읽을 수 없었다. 단지 자연의 압도적 무관심만이 있을 뿐이었다." 썩 우호적인 평가라고 할 수는 없다. 트레드웰이 들었다면 틀림없이 이맛살을 찌푸렸을 것이다. 그는 진심으로 곰을 사랑했던 사람이다.

사실 동물은 자비심을 가져서는 안 된다. 자연이 냉혹하고 잔인해서가 아니라 진화의 관점에서 호의는 순전히 에너지 낭비에 불과하기 때문이다. 만약 곰이 어떤 짐승을 어렵사리 사냥하여 잡은 후에 자비심을 발휘하여 포획물을 다시 놓아준다면 이는 태만에 속한다. 많은 에너지를 사냥에 투자한 다음 포획물을 잡아먹음으로써 손실된 에너지를 보충해야 하는데 이를 포기하는 것은 육식동물이 절대로 저질러서는 안 될 큰 잘못이다. 북아메리카회색곰, 알래스카불곰, 북극곰 같이 덩치가 큰 곰들은 더욱 그렇다. 이들의 몸무게는 거의 800킬로그램에 육박하는데 이는 자연이 허용할 수 있는 한계치에 해당한다.

영국 생물학자들의 계산에 따르면 지상의 육식동물은 몸무게가 20

킬로그램만 넘어가면 벌써 담비나 여우 같은 소형 육식동물보다 체중 대비 두 배 이상의 에너지를 사냥에 소모해야 한다. 그렇기 때문에 육식동물에게 허용되는 몸무게는 약 1톤 정도로 제한될 수밖에 없다. 현재 생존하는 대형 곰들은 1톤에 조금 못 미치지만 과거에 살다가 멸종된 동굴곰들의 몸무게는 1톤을 초과했는데, 이것이 동굴곰의 멸종 이유일지도 모른다. 하지만 현재 생존하는 대형 곰들도 멸종 위기에서 자유롭지 못하다. 먹이가 조금만 부족해져도 생존을 위협받기 때문이다. 그래서 많은 종류의 곰들이 식물성 먹이를 식단에 추가했지만 사정은 크게 바뀌지 않았다. 북아메리카회색곰이 수풀에서 딸기를 하나씩 따먹는 것은 기껏해야 먹느라고 소비한 에너지를 보충해 주는 게 고작이다.

대형 곰들의 만성적인 에너지 부족은 이들의 주간 활동에도 반영되어 최대한 힘을 절약하는 방식으로 살아가게 만들었다. 몸집이 가장 큰 육식동물인 북극곰은 생애의 3분의 2를 잠을 자거나 졸면서 보내고 사냥과 먹는 일에 쓰는 시간은 전체의 5퍼센트밖에 되지 않는다. 이들은 깨어 있는 대부분의 시간을 한가로운 산책과 수영으로 보낸다. 갈색곰들은 이보다는 좀 더 활동적이지만 대신 4∼6개월 동안 겨울잠을 잔다. 이 시기에 암컷의 몸무게는 최고 40퍼센트 정도 줄어든다. 그래서 봄이 되면 가능한 빨리 원래의 몸무게를 회복하기 위해 닥치는 대로 먹어치운다. 그러므로 이 시기에 우리 인간은 곰 근처에 너무 가까이 다가가는 것을 삼가야 곰의 먹이로 전락하는 신세를 모면할 수 있다.

회색곰과 갈색곰의 평소 움직임에 비추어볼 때 이들이 거의 무아지경으로 나무에 엉덩이를 비벼 대는 모습은 우스꽝스럽기 짝이 없다. 지금까지는 이것이 귀찮은 기생충들을 털어 버리기 위한 행동이라는 설명이 지배적이었다. 그런데 실제로 이들은 몸에 해충이 없을 때도 그렇게 나무에 몸을 비벼 댄다. 또 이런 행동은 수컷에게서만 관찰된다. 영국의 생물학자 오언 네빈Owen Nevin은 수컷이 이런 행위를 통해 자신의 냄새를 남김으로써 다른 곰들에게 자기 영역을 알린다고 추측한다. 오언에 따르면 이러한 영역표시는 "긴장완화의 의미를 갖는다. 왜냐하면 곰들은 자신이 이미 그 존재를 알고 있는 곰에게는 낯선 곰에 비해 훨씬 덜 공격적으로 행동하기 때문이다." 그러나 오언의 해석이 옳은지는 미지수다. 일례로 담비들에게는 냄새표시를 통한 긴장완화 전략이 전혀 통하지 않는다. 담비는 심지어 자동차 보닛 밑에서 조금이라도 경쟁자의 냄새가 나면 자동차 케이블까지도 물어뜯는 것으로 알려져 있다. 회색곰의 경우도 이 긴장완화법이 제대로 작동하는 것 같지는 않다. 아무리 열심히 냄새를 뿌려 놓아도 번번이 많은 수컷들이 새끼 곰들을 살해하기 때문이다. 이들은 암컷과 마음 놓고 짝짓기를 할 목적으로 그 새끼들을 죽인다. 말하자면 역버전의 오이디푸스 콤플렉스인 셈인데, 원래 오이디푸스 콤플렉스와 마찬가지로 이런 행동방식은 종의 보존에 전혀 도움이 되지 못한다.

복잡한 뇌냐, 커다란 페니스냐

택일의 기로에 선 박쥐의 선택은?

함부르크 근교의 야생공원 슈바르체베르게Schwarze Berge에 있는 박쥐의 집은 늘 사람들로 붐빈다. 방문객들이 맛있는 과일과 야채를 준다는 사실을 아는 박쥐들은 항상 사람들 근처를 맴돈다. 그런데 날개를 펄럭이며 이리저리 날아다니는 박쥐들을 자세히 관찰해 보면 박쥐가 사람들이 흔히 생각하는 것처럼 그렇게 완벽한 동물이 아니라는 사실을 곧 알게 된다. 박쥐는 고도로 발달된 음파탐지기를 사용하여 비행방향을 잡는다고 하는데도 날아다니면서 서로 자주 부딪힌다. 어쩌면 흥분해서 그럴지도 모르고 스트레스 때문일 수도 있다. 스트레스가 심하면 노련한 조종사들도 실수를 하니까 말이다.

하지만 초음파로 소리를 내고 물체에 부딪혀 돌아오는 소리를 다시 듣는 박쥐들의 음파탐지기능을 너무 과대평가해서는 안 된다. 이 방법으로 방향을 탐지하는 데도 한계가 있는데, 특히 먹이를 찾을 때가 아니라 잠잘 장소를 찾을 때 더욱 그렇다. 예를 들어 유럽에 가장 많이 서식하는 박쥐 중 한 종류인 영국큰박쥐는 숙소를 고르는 데 매우 까다롭다. 우선 건조하고 따뜻해야 하고 지상에서 약 20미터 정도 높이에 있어야 하며 확 트인 진입로가 갖추어져 있어야 한다. 또한 입구는 작아야 하고 바닥에서부터 동굴의 천정까지 안전을 위한 충분한 거리가 확보되어 담비가 천정에 붙어서 잠자는 박쥐를 잡아먹을 수 없어야 한다. 부동산 중개업자 입장에서 보자면 한 마디로 "집 구해 주기 힘든 고객"이다.

하지만 박쥐는 어차피 중개업자의 도움 없이 혼자서 집을 구해야 한다. 물론 쉬운 일이 아니다. 영국큰박쥐는 빠르게 날 수는 있지만 비행기술이 그다지 정교하지 못하여 천천히 이리저리 날아다니면서 나무나 교회탑의 적당한 숙소를 차근하게 물색할 수가 없다. 또 이들의 음파탐지기는 먹이가 될 곤충의 위치는 잘 찾아내지만 깊숙한 숲 속 어딘가에 있을 은신처에 관한 신호를 제공해 주지는 못한다. 이런 어려움을 모두 극복하고 훌륭한 숙소를 찾아내려면 박쥐들은 어떻게 해야 할까?

최근 폴란드와 독일의 과학자들은 이 질문에 대한 해답을 찾아냈다. 이에 따르면 영국큰박쥐는 우선 나무기둥에 착륙한 후 마치 쇼핑을 하는 사람처럼 천천히 걸어 다니며 이리저리 둘러본다고 한다. 재수가 좋으면 이미 비슷한 박쥐들이 살고 있는 동굴에서 들려오는 신호를 금방 포착할 수도 있지만 그렇지 못한 경우도 많다. 막스 플랑크 조류학 연구소의 비외른 지메르스Björn Siemers는 "영국큰박쥐에게 자신이 머물 새로운 집을 찾는 일은 결코 손쉬운 일이 아니다"라고 말한다. 게다가 걸어서 돌아다니는 박쥐는 주변을 배회하는 담비나 여우에게 저절로 굴러들어 온 맛난 먹잇감이다.

박쥐들은 어쩌면 다른 동물 안에 내재된 선한 면을 신뢰하는 성향이 있는지도 모른다. 적어도 인간의 선함은 믿는 것 같다. 이들은 여러 해를 사는 동안 방앗간, 교회탑, 헛간 등이 주는 온기와 안정성을 터득하고는 이를 소중하게 여긴다. 그 덕택에 슈바르체베르게의 방문객들은 팔을 내밀고 있으면 오래 기다리지 않아도 박쥐들이 — 대개는 거꾸로 — 날아와서 팔에 매달려 관찰자와 흥미로운 눈길을 주고받는 소중한 체험을 할 수 있다. 박쥐는 실제로 인간과 교감을 나눈다. 부모를 잃은 새끼 박쥐들은 목이나 배를 쓰다듬어 주면 매우 좋아한다. 이들은 기분이 좋아져서 긴장을 풀고 편안하게 입을 벌리고는 곧 그르렁거리기 시작한다. 박쥐가 인간을 이토록 신뢰하는 것을 보면 혹시 인간이 자신들과 비슷하다고 생각하는지도 모르겠다.

사실 박쥐는 인간과 비슷한 점이 많다. 물론 두뇌나 행동방식이 그런 것은 아니다. 그러나 페니스와 관련해서는 특히 비슷한 점이 있다. 인간과 박쥐 수컷의 페니스는 모두 밖으로 노출된 상태로 대롱대롱 매달려 있다는 공통점이 있는데, 이는 다른 동물들에게서는 좀처럼 찾아볼 수 없는 독특한 형태다. 노출되어 매달려 있는 페니스를 가진 동물이 거의 없는 이유는 이런 형태가 상당한 사고의 위험을 안고 있기 때문이다. 축구에서 프리킥을 할 때 키커 앞에 방어선을 구축한 수비 측 선수들이 하나같이 손으로 아랫도리를 가리는 이유도 바로 그 때문이다. 물론 축구선수들은 고환도 계속 몸 밖에서 덜렁거린다는 또 다른 단점이 있지만, 박쥐들의 고환은 짝짓기를 할 때만 밖으로 나온다. 고환의 돌출 여부와 상관없이 중요한 사실은 이런 식으로 노출되어 있는 페니스가 큰 위험요소로 작용한다는 점이다. 특히 새들도 놀랄 만큼 대단한 묘기 비행을 일삼는 박쥐의 경우에는 더욱 그러하다.

그렇다면 박쥐 수컷은 무슨 배짱으로 이런 핸디캡에 전혀 개의치 않게 된 걸까? 아마도 암컷의 환심을 사기 위해서일 것으로 추측된다. 이를 뒷받침하는 증거로 몇몇 종류의 박쥐들은 정말 거대한 페니스와 마찬가

지로 거대한 고환을 갖고 있다. 시러큐스 대학의 스콧 피트닉Scott Pitnick
이 이끄는 미국 연구팀이 총 334종의 박쥐들을 조사한 결과를 보면 심지
어 고환이 전체 몸무게의 8.5퍼센트를 차지하는 놈들도 있다. 몸무게가
90킬로그램인 남성에 대비시켜 보면 남성생식선의 무게가 무려 8킬로
그램에 육박한다는 이야기다.

고환과 페니스에 대한 투자는 또 다른 대가도 요구한다. 피트닉의
표현을 따르자면 고환과 페니스는 "물질대사의 관점에서 대단히 값비
싼 조직"이어서, 이를 유지하는 것은 생리학적으로 두뇌와 같은 다른
복잡한 기관에 부담으로 작용할 수 있다. 다시 말해서 수컷 박쥐들은
진화 과정에서 생식기관에 투자할 것인지 아니면 뇌에 투자할 것인지
를 결정해야 했다. 그런데 대부분의 경우 이들은 뇌에 불리한 쪽으로
결정을 내렸다. 가장 대표적인 경우는 이집트과일박쥐다. 이들은 고환
의 무게가 3.5그램인데 반해 뇌의 무게는 2.3그램에 불과하다. 애기박
쥐의 일종인 생쥐귀박쥐는 뇌에서 소비하는 에너지의 두 배를 고환에
투입한다. 이 같은 불균형으로 인해 생쥐귀박쥐와 이집트과일박쥐는
꽤 빨리 날 수는 있지만 민첩함이나 명민함과는 거리가 멀다. 이들의
거대한 생식기는 서툴게도 비행 중에 이따금씩 담벼락이나 나뭇가지에
부딪히곤 하는데 남자들은 이런 장면을 목격할 때 무의식적으로 몸을
움찔하게 될 것이다.

박쥐의 예는 '쓸 만한 아랫도리'와 '쓸 만한 머리' 둘 다를 갖춘 남
자는 가질 수 없다는 여성주의적 선입견을 부추기는 데 일조한다. 흥미
롭지만 실제로 박쥐 수컷의 생식기는 암컷의 바람기와 정비례하여 커

지는 것으로 나타났다. 피트닉의 연구팀은 이를 확실히 입증할 수 있었다. 암컷의 정조관념이 희박하면 수컷 입장에서는 자신의 유전자를 안전하게 전달하기 위해 정자를 다른 방식으로 배분해야 한다. 이때 거대한 생식기는 정자들을 더 많이 생산할 수 있다는 점과 암컷에게 큰 매력을 준다는 두 가지 측면에서 유용하다.

다만 아둔한 동물에게만 우수한 번식률이 허용된다면 이는 진화의 관점에서 그다지 유리하지 않다는 점을 분명히 해둘 필요가 있다. 왜냐하면 큰 두뇌와 날카로운 이성은 통상적으로 생존경쟁에서 많은 이점을 제공한다는 것이 엄연한 사실이기 때문이다.

돌고래의 지능은 과대평가 되었다?

짐작과는 다른 돌고래의 이면들

뱃사람이었던 고대 그리스인들은 돌고래를 좋아했다. 장난을 즐기는 돌고래는 항해를 지루하지 않고 즐겁게 만들어 주기 때문이다. 그들은 돌고래가 가진 '엔터테이너' 자질을 높이 평가하는 데 그치지 않고 이 동물이 의식적으로 인간과 접촉한다고 믿었다. 돌고래는 당연히 그리스 신화에서도 특별한 위치를 차지했다. 여신 데메테르에게 돌고래는 동반자 역할을 했고 바다에서 태어난 아폴로를 육지로 옮긴 것도 돌고래다. 또 바다에 내던져진 레스보스의 아리온 역시 돌고래에 의해 구조된다. 이런 구조담은 오늘날에도 여전히 유효하다. 난파한 사람을 익사하지 않도록 구하고 상어들로부터 돌봐 준 돌고래의 이야기는 여름

휴가철이 시작되는 즈음이면 어김없이 신문 한 귀퉁이를 장식한다.

〈플리퍼〉라는 영화 속 이름으로 유명해진 병코돌고래와 같은 몇몇 종류의 돌고래들은 실제로 물에 빠진 사람을 구한다. 하지만 이것은 자비심에서 우러나온 것이라기보다는 착각에서 비롯된 행동에 가깝다. 다른 돌고래가 아프거나 갓 태어난 까닭에 스스로 수면으로 올라가 호흡을 할 수 없을 때 동료를 물 위로 데려다 주는 것은 돌고래의 본능에 속하는 행동이다. 이때 돌고래는 상대방이 몸을 정상적인 수평상태로 유지하지 못하고 수직으로 기운 채 물속에서 허우적대면 도움이 필요하다는 신호로 판단한다. 그런데 익사 위기에 처한 인간이 바로 이런 모습이기 때문에 간혹 돌고래의 구조를 받는 것이다. 그러니까 굳이 말하자면 진화가 돌고래에게 도움의 본능을 심어줄 때 상대를 너무 까다롭게 따지지 않도록 만들어 준 덕택이라고 하겠다.

게다가 우리는 장난기가 발동한 돌고래가 자주 난파한 사람을 들이받고 물고 침몰시킨다는 사실에 대한 정확한 데이터가 존재하지 않는 점도 고려할 필요가 있다. 그 이유는 간단하다. 이런 경우 살아남은 사람이 없기 때문이다. 놀이에 열중할 때 돌고래들이 보이는 전혀 얌전하지 않은 행동을 봐도 짐작할 수 있듯이 이런 일은 드물지 않게 발생할 것으로 추정된다. 예를 들면 뱀머리돌고래들의 경우, 수면을 유영하던 슴새 한 마리를 물속으로 끌어들인 후 마치 탁구공을 가지고 놀듯 이리저리 때려 대는 모습이 목격된 적이 있다. 돌고래들은 20분쯤 그러고 논 뒤 싫증이 난 듯 반쯤 죽은 슴새를 그냥 내버려두고 다른 곳으로 유유히 헤엄쳐 갔다.

작은 새뿐만 아니라 몸집이 훨씬 더 큰 동물들도 장난기가 발동한 돌고래들의 희생자가 된다. 네덜란드의 해양생물학자 벤 윌슨Ben Wilson은 한 무리의 병코돌고래가 쇠돌고래 한 마리에게 덤벼들어 계속 머리로 들이받고 물 아래로 찍어 누르고 깨물면서 괴롭히는 장면을 목격했다고 한다. 다시 말하지만 이 병코돌고래 무리는 쇠돌고래를 잡아 먹지 않고 가지고 놀기만 했다. 쇠돌고래는 매우 온순하고 몸집이 작기 때문에 병코돌고래 무리가 쇠돌고래를 적으로 착각했을 가능성은 없다. 게다가 쇠돌고래는 병코돌고래의 가장 가까운 친척에 속한다. 아무튼 이런 사냥놀이는 종종 죽음으로 끝을 맺는다. 윌슨은 스코틀랜드의 머레이만에서 쇠돌고래 여러 마리의 시체를 발견했는데, 이들에게서는 병코돌고래에게 물린 전형적인 상처가 발견되었다. 윌슨은 그것이 "가해자가 누구인지를 명확히 밝혀 주는 증거였다"고 말한다. 윌슨은 하필이면 자신이 10년 이상 연구에 몰두했던 대상이 잔인한 살해자로 판명되자 깊은 실망을 감추지 못했다.

그러나 이런 행위를 도덕적으로 판단할 필요는 전혀 없다. 인간의 윤리는 호모 사피엔스에게만 적용될 뿐 자연의 다른 피조물들에게는 전혀 해당되지 않는다. 그럼에도 불구하고 한 떼의 돌고래가 전혀 해롭지 않은 동물을 잡아먹거나 적으로 인식하여 퇴치하려는 의도가 없이 그냥 재미로 공격하고 괴롭힐 때 이 행위가 진화적으로 어떤 의미가 있는지는 의문이다. 이는 순전히 시간과 힘의 낭비일 뿐으로, 보통은 진화에 의해 가차 없이 처벌 받는 행위이다. 그러나 각종 동물에게서 나타나는 이런 종류의 유희 현상들은 '적자생존'이나 '생존경쟁' 같은 다윈의 이론으로는 어차피 충분히 설명할 수 없다.

아무리 그렇다고 하더라도 돌고래들은 쇠돌고래 같은 무해한 동료를 괴롭히느라 힘을 소진하는 대신 백상아리나 다른 몸집 큰 상어들과 같은 진짜 위험한 적을 감시하는 데 에너지를 써야 옳다. 소설이나 영화에서는 상어가 종종 지능이 모자라 늘 돌고래에게 당하는 아둔한 폭력배쯤으로 묘사된다. 그러나 이는 전혀 사실과 다르다. 실제로 상어는 많은 사람들이 생각하듯 그렇게 멍청하지 않으며 돌고래는 생각처럼 그렇게 영리하지 않다.

상어의 뇌는 가느다랗지만 길이가 거의 0.5미터에 이른다. 특히 기억을 관장하는 영역이 크게 발달했다. 그렇기 때문에 시각 테스트에서도 고양이보다 우수한 학습결과를 나타낸다. 또 상어는 자기들끼리 서로 의사소통이 가능하다. 귀상어에게서는 지금까지 몸동작을 이용한 9가지의 신호가 확인되기도 했다. 추측컨대 인간이 제대로 이해하지 못해서일 뿐 상어들이 사용하는 신호의 수는 이보다 훨씬 더 많을 것이다.

상어의 청력과 귀로 들은 내용으로부터 무언가를 추론해 내는 능력역시 주목할 만하다. 상어는 돌고래가 반향정위echolocation를 이용하여 좋은 먹잇감을 찾아낼 때 내는 소리에 대단히 민감하다. 이를 통해서 상어는 돌고래가 발견한 물고기 떼에 접근하여 잡아먹거나 아니면 발견자 돌고래를 직접 공격한다. 이는 뛰어난 실용주의에 해당하지 결코 아둔한 킬러본능이 아니다!

물론 돌고래의 뇌는 상어의 것보다 크다. 이것은 단순히 어류에 비해 포유류의 뇌용량이 큰 탓이기도 하다. 게다가 실제 지적 능력은 단순히 뇌 크기에 의해서가 아니라 뇌의 구조와 구성에 의해서 결정된다. 이 관점에서 보면 고래와 돌고래는 상당히 평범한 수준이다. 이들의 대뇌피질은 용량이 매우 큰 게 사실이지만 그 성분은 대부분 뉴런이 아니라 신경교세포glial cell다. 신경교세포는 뇌의 전기적 활동에는 거의 기여하지 않는다. 신경교세포의 주된 역할은 이 수중동물들의 지적 활동을 담당하는 뉴런을 차가운 수온으로부터 따뜻하게 보호해 주는 일종의 단열 매트 기능이다. 그러므로 뇌의 크기만 보고 돌고래의 지적 능력을 너무 높이 평가해서는 안 된다. 돌고래의 뇌가 큰 이유는 추위를 막기 위해서지 영리해서가 아니다.

남아프리카의 뇌 전문가 폴 메인저Paul Manger는 한 술 더 떠서 "고래와 돌고래의 지능은 완전히 과대평가 되었다"고 주장한다. 돌고래의 뛰어난 아이큐를 입증하는 것으로 여겨지는 연구결과들을 면밀히 검토해 보면 하나같이 학문적 근거가 희박하다는 것이다. 메인저에 따르면 "일례로 거울을 통해 자아를 인식하는 능력은 지금까지 단 두 마리의 돌고래에게서만 나타났고 다른 돌고래에게서는 전혀 입증되지 못했다." 반면에 이빨고래 종류의 일부 돌고래들은 지능검사에서 비둘기나 들쥐보다도 못한 성적을 나타냈고 심지어 금붕어에게 밀려난 것들도 있다.

대신 돌고래에게는 인간이 도저히 따라할 수 없는 뇌 묘기를 부리는 재주가 있다. 뇌를 절반씩 번갈아 가며 잠을 재우는 기술이다. 돌고래는 무의식적인 자동호흡을 하지 못하고 1분에 3~7회 정도 공기를 마시기 위해 수면 위로 떠올라야만 살아갈 수 있다. 그리고 이를 위해서는 뇌의 일부가 반드시 깨어 있어야 한다. 그러므로 절반만 자는 기술은 돌고래의 생존을 위해 필수적이다. 물론 이로 인해 수면의 질은 크게 떨어진다. 돌고래의 수면에는 REM 단계(Rapid Eye Movement: 눈동자가 빠르게 움직이며 집중적으로 꿈을 꾸는 수면 단계)가 사실상 존재하지 않는다. REM 단계는 보통 뇌가 성숙하는 데 필요하다고 여겨진다. 예를 들어 인간의 아기는 매일 최고 아홉 시간까지 REM 단계의 수면을 취해야 한다. 그렇기 때문에 REM 수면을 하지 않는 돌고래는 지능발달이 제한적일 수밖에 없다는 계산도 가능하다. 하지만 이런 반쪽짜리 수면은 다른 장점을 갖고 있다. 언제나 한 눈을 뜨고 있으므로 주변의 적들을 잘 경계할 수 있다는 점이다. 특히 상어란 놈은 필요할 때는 전혀 잠을 자지 않고 활동하기 때문에 언제 공격해 올지 알 수가 없다.

거듭된 실수를 통해 구축된 견고한 지능 체계

동물학적으로 인간과 원숭이는 모두 영장류에 속한다. 영장류라는 개념은 그 자체로 벌써 사람을 긴장하게 만든다. 왜냐하면 이 개념은 그 대상이 진화의 서열 맨 꼭대기, 즉 완벽하고 복합적이고 고도의 지능을 지닌 위치에 있다는 사실을 지시하기 위해 만들어졌기 때문이다.

물론 원숭이와 인간이 평균 이상의 지능을 지닌 생명체라는 사실에는 의심의 여지가 없다. 그렇지만 왜 이들이 그토록 크고 유능한 뇌를 가지게 되었는지에 대해서는 의문을 가져 볼 필요가 있다. 가령 코끼리

가 지금과 같은 코를 갖게 된 이유는 목도 거의 없이 몸통과 직접 연결
되다시피 한 거대한 머리통 때문에 땅바닥에 있는 먹이를 쉽게 먹을 수
가 없어서였다. 또 코끼리의 코는 코끼리를 영리하게 만들어 주었다.
마치 사람의 손처럼 코로 사물을 집을 수 있기 때문이다. 결국 코끼리
는 신체적 결함으로 인해 영리한 동물로 발전한 것이다. 그렇다면 영장
류는 어떤 연유로 커다란 뇌를 갖게 되었을까?

여기서도 우리는 자연의 '실수와 사고'가 중요한 역할을 했을 것으
로 추측한다. 왜냐하면 원래 영장류는 긴 팔과 — 엄지손가락과 나머지
손가락이 마주보는 형태의 — 움켜잡는 손을 갖고서 단순히 나무 위에
서 살아가던 동물이었다. 이들은 이 손을 이용하여 세상을 말 그대로
'파악把握'했으며, 이는 분명히 뇌의 성장에 중요한 자극이 되었을 것이
다. 나중에 이들은 — 특히 인간의 직계조상들은 — 점차 나무에서 벗
어나 지상으로 내려왔는데, 두 발로 걷는 것은 빠르지도 못하고 오래
걸을 수도 없기 때문에 네발로 뛰는 육식동물에 대처할 능력이 현저히
떨어졌다. 그래서 이들은 영리한 지능을 키워야만 했다. 이로써 인간의
위대한 두뇌가 만들어지는 길이 열렸다. 다시 말해서 영리한 머리를 발
달시켜 지상생활의 힘겨운 상황을 보완하지 못했다면 영장류는 일찌감
치 멸종했을 것이다.

비단 두뇌뿐만 아니라 인류의 모든 문화도 자연의 사고와 실수를 보
완하기 위한 산물로 생각된다. 독일의 철학자 요한 고트프리트 헤르더
Johann Gottfried Herde는 일찍이 인간을 자연에서 생존하기에는 육체적
으로 너무나 부족하고 약한 '결핍존재'로서 규정했다. 따라서 인간은

생존을 위해 '제2의 자연', 즉 인위적으로 적절하게 조성된 대안세계를 만들어 내야 했다. 그렇게 우리 인간은 빠른 발과 따뜻한 털가죽이 없는 탓에 옷과 집을 만들어 추위와 적으로부터 우리의 신체를 방어했다. 또 우리는 홀로 자연에서 살아남기에 너무 약했던 탓에 함께 모여 공동체를 형성했다. 결국 우리 인간을 '사회적이고 문화적인 존재'로 규정해 주는 모든 업적은 신체적 결함을 보완하기 위한 노력의 산물이었던 것이다.

어쩌면 이것은 진리라고 받아들이기에는 너무나 단순한 이론인지도 모른다. 하지만 적어도 위안은 된다. 인간을 '실수의 제왕' 자리에 올려놓음으로써 피조물의 최고봉이라는 부담을 덜어 줄 뿐만 아니라 우리가 저지르는 수많은 실수와 오류들을 발전을 위해 반드시 겪어야 하는 과정으로 해석할 여지까지 주기 때문이다.

무조건 덤벼들지 말고 아주 부드럽게
대책 없이 감상적인 양털거미원숭이

양털거미원숭이는 이름부터가 벌써 뭔가 범상치 않은 동물이라는 분위기를 풍긴다. 상상력이 풍부한 사람이라면 양털거미원숭이가 혹시 거미와 영장류 사이의 '잃어버린 고리'가 아닐까 추측할 수도 있다. 물론 동물학의 계통분류학자들은 이를 완강히 부인할 것이다. 계통발생사적으로 서로 멀리 떨어져 있는 이 두 생명체 사이에 어떤 직접적인 연관성이 있으리라고는 전혀 생각할 수 없기 때문이다. 그렇다고 우리까지도 당장 상상력을 거둘 필요는 없다. 그만큼 양털거미원숭이에게는 영장류와 가까운 친척관계라고 보기 힘든 구석이 많다.

양털거미원숭이의 팔다리는 실제로 거미를 연상시킬 만큼 볼품없이 길기만 하고 엄지손가락은 심하게 굽었거나 아예 없어진 경우도 있다. 이것만 보아도 인간과 침팬지에게 전형적인 "손으로 잡고 파악하는" 과정이 이들에게는 전혀 중요치 않음을 알 수 있다. 이들은 손보다는 꼬리를 이용하여 기어오르기를 좋아하고 — 이것을 보면 다시 거미와의 연관성이 사라진다 — 거꾸로 매달린 채로 음식을 먹기도 한다. 또 양털거미원숭이들은 무리 안에서 매우 평화롭게 살아간다. 이들에게는 인간이나 다른 영장류에게서 관찰되는 서열싸움, 억압, 공격적 행동 등을 찾아볼 수 없다. 1960년대 말에 독일의 동물학자 한스 빌헬름 스몰리크는 양털거미원숭이에 대해 이렇게 쓴 바 있다. "이들은 천성이 온화하며, 크고 검은 눈으로 신뢰를 갖고 세상을 바라본다. 털이 없이 맨숭맨숭하고 종종 살색마저 띠는 이들의 얼굴은 쪼글쪼글한 것이 연로한 인디언 노파를 떠올리게 한다." 조금은 감상적으로 들리는, 그래서 쓸쓸한 고별사를 연상시키는 묘사다. 실제로 이 온화한 양털거미원숭이들의 시대가 종말을 고하고 있음을 알리는 신호는 많다.

　　브라질에서는 이 원숭이들을 '무리키'라고 부른다. 인디언 언어에서 유래한 이 단어는 수줍고 소극적이라는 뜻과 사려 깊다는 뜻을 동시에 지니고 있다. 이렇게 볼 때 '무리키'라는 이름은 이들의 사회생활을, '양털거미원숭이'라는 이름은 이들의 해부학적 특징을 각각 잘 대변하고 있다. 무리키의 수컷들은 짝짓기의 우선권을 놓고 서로 다투는 법이 절대로 없다. 짝짓기의 과정은 오직 암컷의 의사에 달려 있다. 암컷이 다수의 구애자 중 하나를 파트너로 선택하면 선택된 수컷은 아무런 방해도 받지 않은 채 짝짓기 행위를 끝마칠 수 있으며, 다른 구애자들은 이 수컷이 행위를 끝낼 때까지 참을성 있게 기다린다. 한 마리의 암컷에게 구애하는 수컷의 수는 대여섯 마리가 넘을 때도 있기 때문에 기다리는 줄은 꽤 길어지기도 한다. 이런 방식은 물론 인간에게는 절대로 통하지 않는다. 심지어 콜걸들도 고객들이 서로 마주치는 일이 없도록 매우 조심해야 할 정도다.

　　행동연구가들은 이미 오래 전부터 무리키 수컷들이 짝짓기에서 이처럼 여유로운 태도를 보이는 이유를 설명하기 위해 노력해 왔다. 현재까지는 커다란 고환이 긴장완화에 기여한다는 이론이 대세다. 이에 따르면 양털거미원숭이의 정자생산공장은 다른 영장류에 비해 극단적으로 크다. 이들의 성기는 몸무게가 12배나 더 나가는 고릴라의 것과 맞먹는다. 그 덕에 무리키 수컷들은 커다란 자신의 고환 속에 든 수십억 개의 건강한 정자들이 유전자를 잘 전달해 주리라는 믿음 속에서 느긋하게 자기 차례를 기다리리라는 것이다.

그런데 이 원숭이들의 유전자가 정말로 그렇게 전도유망한지는 의심스럽다. 진화에서 의미하는 성공은 최대한 힘세고 생존력이 강한 후손을 생산하는 것인데, 건강한 정자를 엄청난 양으로 확보했다고 해서 그 주체가 반드시 강한 생존능력을 지닌 우수한 개체라고 볼 수는 없기 때문이다. 오히려 그 반대일 수도 있다! 일례로 박쥐들은 알다시피 뇌 용량을 희생시키는 대가로 거대한 고환을 얻었다. 두 기관에 모두 충분한 혈액을 공급할 수 없기 때문이다. 따라서 무리키의 여유로운 번식방법도 생존경쟁을 위한 최적의 조건을 갖춘 후세를 보장해 주지는 못한다고 말할 수 있다.

게다가 성적 소극성은 다른 심리적 특성에도 영향을 미친다. 예를 들어 무리키 수컷들은 무리 바깥의 '악한 세계'와 관계할 때도 지극히 소극적인 태도를 보인다. 직설적으로 말하면 이 원숭이들은 천하의 겁쟁이다. 이들은 자신에게 아무런 해도 끼치지 못하는 작은 카푸친원숭이 새끼만 봐도 놀라서 야단법석을 떤다. 정신 나간 얼굴로 서둘러 한자리에 모여서는 다함께 공포의 비명을 질러댄다. 암컷과 새끼들은 이런 수컷들의 모습을 고스란히 지켜본다. 일반적으로 볼 때 이런 태도로는 거친 정글에서 살아남기 어렵다. 그럼에도 불구하고 양털거미원숭이들은 지금까지 잘 버텨왔다. 이것 역시 진화가 오직 냉혹한 승자 유형의 동물에게만 자리를 내주는 것은 아니며, 진화에서 살아남기 위해서는 약간의 행운도 필요하다는 사실을 보여 주는 사례에 속할 것이다.

그러나 이제 행운은 양털거미원숭이들의 곁을 떠나는 것처럼 보인다. 인간에 의한 엄청난 삼림파괴로 남아메리카 정글이 점점 줄어들고, 그에 따라 정글 생활자들 사이에 더욱 많은 갈등이 벌어지고 있다. 이런 상황은 대부분의 동물들을 어렵게 만들지만 특히 평화로운 삶이 절실히 요구되는 양털거미원숭이들에게 큰 문제가 된다. 브라질 북부 바이아 지역에 사는 양털거미원숭이 무리키들은 이제 그 수가 겨우 300마리에 불과한 것으로 추정된다. 한 종이 살아남기에는 너무 부족한 숫자로 보인다.

긁어 주면 널 안아 줄게!

미용의 대가로 성을 제공하는 필리핀원숭이

꼬리 달린 원숭이들은 별로 인간의 관심을 끌지 못한다. 동물원의 비비나 카푸친원숭이를 보면 물론 즐겁긴 하겠지만 사람들을 진정으로 매료시키는 원숭이는 침팬지나 고릴라 같이 꼬리가 없는 유인원들이다. 하지만 필리핀원숭이는 조금 다르다. 필리핀원숭이는 번식률이 매우 안정적이고 사육이 까다롭지 않아서 가장 선호되는 실험실 동물이라는 '명성'을 얻고 있다. 물론 이런 식의 관심이 필리핀원숭이 입장에서는 결코 축복이 아니겠지만 말이다.

아무튼 사람들이 유인원을 특히 좋아하는 것은 사실이며, 이것은 그 명칭에서도 알 수 있다. 실제로 침팬지, 고릴라, 오랑우탄이 (정확히 지금 열거된 순서로!) 인간과 가장 가까운 친척임은 유전자 조사를 통해서도 확인되었다. 그러나 이를 근거로 유인원들이 다른 동물이나 원숭이들보다 지능과 사회생활 면에서 더 발전된 형태의 동물이라고 추론한다면 그것은 명백히 잘못이다. 특히 카푸친원숭이와 필리핀원숭이는 이런 면에서도 유인원에게 결코 뒤떨어지지 않으며 심지어는 별나고 기이한 습성까지도 그들과 닮았다.

예를 들어 카푸친원숭이는 마치 사람처럼 표정을 짓는다. 기쁘면 미소 짓고, 성이 나면 이빨을 드러내며 인상을 쓰고, 심지어 눈물을 흘리거나 모욕감을 느끼기도 한다. 동물학자 사라 브로스넌Sarah Brosnan과 프란스 드발Frans de Waal은 고의적으로 카푸친원숭이를 부당하게 대우해 보았다. 카푸친원숭이 한 마리에게 오이조각을 주고 다른 동료에게는 맛있는 포도알을 주었다. 이들은 서로 상대방을 볼 수 있었고 부당한 대우를 확실히 눈으로 확인할 수 있었다. 오이조각을 받은 원숭이는 눈에 띄게 상처를 받아 그 다음부터는 자신에게 하찮은 오이조각을 주었던 사람에게 그 어떤 협력도 하려 들지 않았다. 그 사람이 다른 물물교환을 제안하거나 실험을 하려고 하면 쌀쌀맞게 거절했다.

카푸친원숭이는 심지어 환각상태에 대한 욕구에서도 인간을 닮았다. 이들은 특정한 종류의 다지류를 잡아서는 조심스럽게 깨물어 죽인 다음 벌레의 체액을 자기 피부에 문질러댄다. 처음에 과학자들은 다지류가 벤조퀴논이나 시안화물과 같은 천연 살충제를 함유하고 있기 때문에 그럴 거라고 추측했다. 그러나 이는 반쪽짜리 진실이거나 아예 엉터리 주장일 가능성이 크다. 모기를 쫓기 위한 목적이라기에는 카푸친원숭이들은 그 다지류 벌레를 너무 오랫동안 코에 대고 있을 뿐만 아니라 마치 돌아가면서 마약을 하는 것처럼 옆의 원숭이에게도 건넨다. 이 벌레 돌리기 잔치는 참석한 원숭이들 전체가 눈동자가 풀리고 몽롱한 상태가 되어서야 끝난다. 이렇게 환각상태에 빠진 카푸친원숭이들은 물론 쉽게 적들의 수중에 떨어질 수 있다.

반면에 필리핀원숭이는 마약을 하지도 않고 해충을 물리치기 위해 최면가스를 쓰지도 않는다. 그보다는 대부분의 원숭이들처럼 직접 손으로 털을 손질한다. 그런데 필리핀원숭이들은 특이하게도 이 행위를 섹스를 사기 위한 일종의 화폐처럼 사용한다.

싱가포르 난양 대학의 한 연구팀은 야생에 서식하는 50마리의 필리핀원숭이를 대상으로 이 과정을 자세히 관찰했다. 필리핀원숭이의 암컷은 시간당 평균 1.5회 정도 짝짓기를 하는데 이것만 해도 벌써 인간과 비교하면 상당한 수준이다. 그런데 정성스레 털을 다듬은 후에는 짝짓기 횟수가 더욱 증가하여 시간당 무려 3.5회나 성접촉이 일어났다. 연구팀을 이끈 마이클 그루머트Michael Grumert에 따르면 "암컷은 주로 자신의 털을 다듬어준 수컷에게 섹스를 제공했다." 이는 명백히 돈으로 사랑을 사는 행위다.

필리핀원숭이들에게서 관찰되는 자본주의의 클라이맥스는 미용의 대가를 화폐가치로 계산할 때 환율을 수요와 공급에 의거하여 산출한다는 점이다. 다시 말해, 주변에 암컷이 많이 있으면 털 미용을 8분만 해주어도 섹스를 살 수 있는 반면에 수컷의 수보다 암컷의 수가 적은 경우에는 가격이 상승하여 수컷은 암컷을 차지하기 위해 최고 16분까지 미용 서비스를 제공해야 했다.

하지만 암컷의 선택방법은 진화의 관점에서는 상당히 미심쩍다. 인내심을 갖고 털 속의 이를 잡아 주는 수컷이 과연 우수한 유전자의 소유자인지 암컷으로서는 알 수가 없기 때문이다. 하지만 미용을 해주어야 섹스를 제공하는 방식은 충분히 납득할 수 있다. 털의 기생충을 철저히 제거하면 나중에 어미가 될 암컷들의 건강상태가 더욱 좋아지기 때문이다. 완벽한 위생은 진화에서 언제나 최고의 가치로서 힘이나 지능보다도 더 중요하다.

사과 한 개의 교환 가치는?

살인과 매춘이 난무하는 침팬지들의 세계

침팬지만큼 인간과 가까운 원숭이는 없다. 유전자 연구에 따르면 진화 과정에서 인간과 침팬지가 서로 갈라지게 된 것은 불과 6백만 년 전의 일이다. 지구의 역사를 하루로 볼 때 이는 불과 1분 정도의 시간에 지나지 않는다.

인간과 유전적으로 가장 가까운 친척은 그중에서도 보노보다. 침팬지의 한 종류인 보노보와 인간의 유전자는 99퍼센트 이상 일치한다. 이정도면 우리가 보노보와 함께 아침식탁에 앉아 대화를 나누지 못하는 것이 오히려 이상할 정도다. 그렇게까지는 못하더라도 아무튼 우리 인간은 지금보다는 더 보노보를 생각해 줄 필요가 있다. 보노보는 여전히 인간에 의해 사냥되어 그 고기가 맛있는 별식으로 팔려 나가고 있다. 현재 보노보의 수는 심각한 멸종 위기에 처한 것으로 평가되고 있다.

침팬지의 지능은 가히 환상적이다. 이들은 못하는 것이 거의 없다. 유머를 이해하고 수학문제를 풀고 도구를 만들어 내며, 훈련을 하면 인간과 상당한 수준의 의사소통도 가능하다. 침팬지들은 사회 조직을 구성하는 능력도 뛰어나다. 보노보는 특수하게 암컷이 무리를 이끌어가는 모계사회를 구성하는 반면 다른 침팬지들은 수컷을 우두머리로 둔 부계사회를 선호한다. 두 사회형태 모두 진화의 관점에서 충분히 그 타당성이 입증되었기 때문에 무리의 지도자가 남성이든 여성이든 어느 한 쪽에 특별히 더 적합성을 부여할 필요는 없다.

침팬지의 높은 지능은 어쩔 수 없이 교활한 잔꾀로 이어진다. 미국 애틀랜타의 여키스 영장류연구센터에서 사육되는 침팬지 두 마리는 이미 여러 차례 우리를 탈출한 경력이 있는데 흥미롭게도 이들은 단 한 번도 현장에서 발각된 적이 없다. 이들은 우리의 플라스틱 벽을 단단한 물건으로 오랫동안 두드리면 깨진다는 사실을 우연히 알아냈다. 사육사들은 무엇인가를 세차게 두드리는 소리를 종종 들었지만 가까이 가서 살피면 매번 아무 짓도 하지 않은 것처럼 순진한 표정을 짓고 있는 얌전한 침팬지 두 마리를 발견할 뿐이었다. 두 원숭이는 자신들의 행위가 발각되지 않아야 한다는 사실도 알고 있었던 것이다. 이 탈출의 대가들은 인간이 그들의 도주행위를 원치 않는다는 점을 알고 이를 은폐하려 했다. 게다가 순진한 표정까지 지음으로써 그들이 위장술을 깊이 이해한다는 사실까지도 인상 깊게 보여 주었다.

물론 적에 대한 속임수는 생존경쟁에서 충분히 의미가 있다. 먹고 먹히는 법칙이 지배하는 곳에서 술수, 위장, 사기는 필수적이다. 독일의 행동연구가 폴커 좀머Volker Sommer는 "포식자와 포획물의 싸움에서는 거짓만이 살아남을 뿐이며, 쉽게 믿는 진실성은 설 자리가 없다"고 설명한다. 하지만 동종 내에서의 거짓말은 어떤가? 모두가 거짓을 통해 동료보다 더 많은 이익을 얻고자 한다면 이는 종의 보존에 오히려 해가 되지 않을까? 아무튼 이 문제에 있어서도 침팬지는 진정한 대가라 할 수 있다.

네덜란드의 영장류 연구가 프란스 드발은 서열이 낮은 한 침팬지에게 양이 서로 다른 두 종류의 먹이를 보여 주었다. 그랬더니 먹이를 둘 다 갖고 싶은 이 침팬지는 고민에 빠졌다. 원숭이의 세계에서 그것은 우두머리에게만 허락된 일이기 때문이다. 결국 약삭빠른 침팬지는 큰 소리를 내어 동료들을 양이 적은 먹이 쪽으로 불러들였다. 그리고 다른 원숭이들이 적은 양의 음식을 놓고 다툴 때 서열이 낮은 이 원숭이는 양이 많은 쪽 음식을 차지했다. 이 원숭이의 행동은 공동체의 안녕보다 자신의 이익을 앞세운 것이 틀림없어 보인다. 이런 행동이 과연 종의 보존에 도움이 될지 의문이다.

침팬지들의 사기행각은 이따금 범죄적 성격을 띠기도 한다. 일례로 과즙이 풍성한 과일이 달려 있는 나무를 발견한 침팬지는 먹이를 나누지 않으려고 다른 동료들을 정반대 방향으로 유인하기도 한다. 사기와 살인의 조합도 서슴지 않는다. 두 마리의 침팬지가 풍부한 먹잇감을 발견한 경우 한 마리는 다른 한 마리를 은밀한 곳으로 유인한 다음 때려 죽이기도 한다. 이는 두 마리의 토끼를 잡는 효과를 나타낸다. 먹이를 다른 침팬지와 나눌 필요도 없고 무리의 나머지 구성원들에게 좋은 먹

잇감이 있는 곳까지 가는 길을 알려줘야 할 필요도 없다. 이런 행동은
좋게 해석하면 힘겨운 생존경쟁에서 자신의 유전자를 관철하려는 의지
로 이해될 수도 있지만 종 전체에는 아무런 이득도 되지 않는다.

제인 구달Jane Goodall도 저급한 동기에 의한 살인이 침팬지들에게 그
다지 특별한 현상이 아니라는 사실을 관찰했다. 침팬지 연구로 유명한
구달은 1976년에 가족에게 보낸 편지에서 침팬지 모녀가 다른 암컷을
공격하고 겨우 3주 밖에 안 된 그 암컷의 새끼를 빼앗아서 죽여 버린
'잔인한 살해'에 관한 이야기를 전했다. 침팬지 모녀는 젖먹이 새끼를
의도적으로 머리를 물어서 죽인 뒤에 그 일부를 먹기도 했다. 구달은
이 잔혹한 침팬지 모녀가 이후로도 세 차례나 더 비슷한 행동을 하는
것을 목격해야 했고, 다른 세 차례의 잔혹행위 때는 적극적으로 개입하
여 겨우 참변을 막을 수 있었다.

구달은 침팬지 전문가로서 큰 충격에 빠졌다. 물론 침팬지들에게서
는 자주 폭력성이 발견되지만 그때까지는 언제나 수컷들의 문제였고,
암컷도 살해를 저지른다는 사실은 알려지지 않았다. 그래서 처음에 구
달은 이 사건을 병적인 일탈행위로 해석했다. 하지만 이제 과학자들은
이와 같은 상황이 때때로 발생할 수 있다는 사실을 분명히 알고 있다.
침팬지 암컷은 전에 생각했던 것처럼 그렇게 평화적이지만은 않다.

암컷 간에는 서열싸움이 없다. 그러므로 암컷의 폭력행위가 서열 때
문에 일어나는 것은 아니다. 결국 답은 하나뿐이다. 암컷들은 경쟁 상
대인 다른 암컷에게 가장 좋은 먹이와 가장 좋은 짝짓기 상대를 빼앗길
까봐 두려운 것이다. 이런 학살이 생활공간은 변하지 않고 일정한데 무

리의 수가 증가할 때, 특히 암컷의 수가 크게 늘어날 때 주로 일어난다는 사실은 이 설명을 뒷받침해 준다.

그러므로 침팬지 암컷의 살해 행위는 수컷 우두머리가 — 자신의 본연의 임무에 충실하게! — 충분히 넉넉한 생활영역을 확보해 주어 암컷들 사이에 생계에 대한 두려움이 생기지 않는다면 예방도 가능하다.

결국 폭력행위의 책임은 간접적으로 다시 수컷에게로 돌아가는 셈이다. 하지만 전적으로 그렇지만은 않다. 암컷도 파트너 선택을 통해 수컷이 지녀야 할 자질들에 영향을 미칠 수 있으며, 따라서 무리를 위해 충분한 생활공간을 확보할 수 있는 수컷을 우선적으로 선택할 수 있다. 그런데 유감스럽게도 암컷은 전혀 다른 관점에서 수컷을 고를 때가 많으며, 짝짓기에 대한 대가성 뇌물에 쉽게 넘어간다.

스코틀랜드의 행동연구가 킴벌리 호킹스Kimberley Hockings는 서아프리카의 기니에서 침팬지 수컷들이 이웃 과수원에서 훔친 맛있는 과일을 암컷에게 갖다 주는 장면을 관찰했다. 물론 훔친 과일의 대부분은 수컷들이 직접 먹었지만 몇 개는 한 마리 혹은 여러 마리의 암컷에게 나누어 주었다. 그 대상은 당연히 가임연령의 암컷이다. 수컷들이 가장 좋아하는 경우는 무리에서 떨어져 그들에게 의도적으로 섹스를 제공하는 암컷이었다. 이는 엄연한 매춘이다.

이로써 암컷은 자신에게 충분한 먹이를 보장하는 상대에게 마음을 준다는 것이 분명해졌다. 하지만 이것은 잘못된 방법으로 보인다. 왜냐하면 기니 침팬지들의 경우 과수원에서 과일을 훔쳐서 암컷에게 갖다 준 수컷들은 힘센 우두머리 침팬지가 아니라 정글에서 정상적으로 먹

이를 구하기가 어려운 낮은 서열의 약하고 비겁한 녀석들이다. 따라서 뇌물에 넘어간 암컷의 2세는 패자의 유전자를 얻게 된다. 이것은 적자생존과 그다지 관련이 없어 보이며 종의 보존을 위해 최적의 개체가 짝짓기상대로 선택된다는 이론과도 거리가 멀다.

어쩌면 기니의 침팬지들은 진화의 새로운 장을 열고 싶은 것인지도 모른다. 그리하여 전통적인 위계질서에 결별을 고하고, 원숭이의 세계를 더 이상 힘센 수컷에게만 맡겨 놓지 않고 은밀한 도둑들에게도 기회를 주려는 것일 수도 있다.

흥미로운 일이다. 인간들에게는 이미 이런 시도가 있었고, 심지어 힘센 수컷과 은밀한 도둑을 한 인물 안에 모두 지니고 있는 정치지도자도 존재한다.

금발머리, 근시안, 류머티즘
호모 사피엔스의 실수와 사고들

진화 역사의 통상적인 발달도표를 보면 인간은 항상 맨 꼭대기를 차지한다. 이때 인간은 진화의 최고봉이며 복잡성에서 다른 모든 동물들을 능가하는 존재로서 간주된다. 그런데 다른 동물보다 진정으로 월등한 능력을 가진 인간의 신체기관은 단 하나, 두뇌뿐이다. 인간의 두뇌가 그토록 크고 뛰어난 능력을 갖게 된 이유는 인간의 다른 많은 신체적 결함들을 보완하기 위한 것으로 보인다.

인간의 특징들 중 상당수는 적자생존의 관점에서 전혀 의미가 없다. 인간에게 다른 신체부위에는 털이 없는데 유독 머리에만 털이 있는 것 정도는 그래도 이해할 만하다. 노출된 두피를 햇볕과 추위로부터 보호해야 하기 때문이다. 그런데 머리카락 색이 다양한 이유는 무엇일까? 왜 북유럽 사람들에게는 빨강머리나 금발머리가 많을까? 환경과의 투쟁에서 이런 색깔이 갈색머리보다 더 유리하지도 않은데 말이다.

금발머리와 관련해서 — 특히 여성의 경우에 — 과학자들은 금발머리가 '성간선택intersexual selcetion'에 의해 발달했으리라고 추측한다. 다시 말해서 남성이 금발머리를 매력적으로 생각하기 때문에 여성은 진화과정에서 적응의 압력을 받아 금발머리를 계속 만들어 냈으리라는 것이다. 파트너를 구하는 생활정보지를 훑어보면 많은 남성들이 이상적인 파트너의 머리 색깔로 '금발'을 꼽는다는 사실을 발견할 수 있는

데, 이는 위의 추측을 뒷받침해 주는 것처럼 보인다. 미국에서는 10명의 여성 중 4명이 머리를 금발로 염색한다. 가장 큰 목적은 이성에게 잘 보이기 위해서다.

그럼에도 불구하고 남자들이 금발머리 여성을 예쁘다고 여기는 이유는 분명치 않다. 일반적으로 아름답다는 수식어는 생물학적 능력을 암시하는 특징들에 적용된다. 많은 남자들이 균형 잡힌 얼굴과 큰 가슴, 그리고 풍만한 엉덩이를 소유한 여성을 좋아하는 이유도 여기에 있다. 이런 여성은 우수한 유전자의 소유자이며 높은 번식능력을 지녔을 가능성이 높기 때문이다. 하지만 금발머리는 전혀 이런 특징에 속하지 않는다. 금발머리를 가졌다고 해서 그 사람의 유전자가 특별하지도 않을 뿐더러 특별히 많은 자녀를 출산하여 양육하는 것도 아니다. 금발머리에 대한 남자들의 편애는 생물학적으로는 전혀 무의미하며, 오히려 단점으로 작용할 때가 많다. 파리 낭테르 대학에서 실시한 실험에서 남자들은 금발머리 여성을 본 직후에 받은 지능테스트에서 그렇지 않은 테스트 때보다 더 나쁜 성적을 보이는 것으로 나타났다. 다시 말해 금발의 여성은 남자들의 시선을 자신에게로 유도할 뿐만 아니라 이들의 머릿속 기능까지도 저하시키는 것이다.

하지만 이보다 더 신기한 현상은 그럼에도 불구하고 여전히 많은 사람들의 머리에서 빨간색 머리카락이 자라고 있다는 사실이다. 붉은 수염의 황제 바르바로사, 테니스 천재 보리스 베커, 말괄량이 삐삐 등은 모두 빨강머리의 소유자인데 진화론의 유전학적 관점에서 보면 이들은 모두 사라졌어야 할 사람들이다. 빨강머리는 MCR-1이란 이름의 유전자가 변형되어 생긴 결과로, 게다가 피부를 매우 창백하고 햇볕에 몹시 민감하게 반응하도록 만드는 주범이기도 하다. 이런 특징은 생물학적으로 아무런 장점을 주지 않으며, 오늘날처럼 오존구멍이 문제인 시대에는 심각한 생리학적 부담으로 작용한다. 그럼에도 불구하고 창백한 피부에 빨강머리를 가진 사람의 비율은 전 세계적으로 2퍼센트에 이르며 앞으로 줄어들 기미도 전혀 없다.

이 경우 성간선택에 의거한 설명은 아예 배제된다. 남자나 여자 모두 빨강머리의 소유자를 특별히 매력적으로 보지 않기 때문이다. 오히려 "불타는 빨강머리는 다혈질"이라는 속설이 있다. 물론 이것은 편견에 불과하지만 파트너시장에서는 당사자들의 기회를 실제로 낮추는 역할을 한다. 따라서 '성 적응'의 압박 때문에 빨강머리의 유전적 지속력이 촉진되었다고 볼 수는 없다.

그런데 과학자들은 빨강머리의 소유자들이 다른 사람들에 비해 고통을 덜 느낀다는 사실을 발견했다. 이는 진화의 관점에서는 물론 장점이 될 수 있다. 고통에 대한 이런 저항력은 싸움, 질병, 사고의 경우는 물론이고 여성의 출산 때도 고통을 덜어줄 수 있다. 그러나 자연이 왜 금발이나 갈색머리가 아니라 유독 빨강머리에게만 이런 능력을 주었는지는 여전히 수수께끼다.

그에 반해서 인간의 감각기관들은 의미도 분명하고 이해하기도 쉽게 만들어졌다. 인간의 후각과 청각은 평범한 수준에 불과하지만 인간에게는 특별히 뛰어난 후각과 청각이 굳이 필요 없다. 높은 곳을 뛰어다니는 원숭이나 고양이에 비해 인간의 평형감각이 덜 발달된 것도 충분히 납득할 수 있다. 그러나 미각에서는 호모 사피엔스가 단연 수위를 차지한다. 인간은 잡식동물로서 그 식단이 매우 다양하다. 인간의 구개부와 특히 설배(혀의 뒷부분)에는 1만 개가 넘는 미뢰taste bud가 분포되어 있는데, 이는 다른 감각기관에서 인간보다 월등한 수준을 보이는 개(1,700개)나 고양이(약 500개)에 비해 훨씬 많은 숫자다. 미뢰는 좁쌀 모양의 유두에 의해 둘러싸여 있는데, 혀에 있는 모든 유두들이 실제로 맛을 느끼는 것은 아니다. 예를 들어 그 수가 가장 많은 사상유두filiform papillae는 접촉자극만 담당한다. 이를 보면 음식의 전체적인 맛을 좌우하는 데는 질감도 매우 중요하다는 사실을 알 수 있다. 점액질의 가래가 역겨운 맛을 느끼게 하는 것은 무엇보다도 그것이 점액질이란 사실 때문이다.

인간은 감각기관을 통한 지각의 약 80퍼센트를 시각에 의존하는 전형적인 시각동물에 속한다. 빛이 신호로 바뀌고 이 신호가 뇌에 의해 영상으로 변형되는 과정에서 우리의 시각이 물리적으로 고난도의 장애들을 극복해 나가는 모습은 실로 놀랍기 짝이 없다. 찰스 다윈은 "눈을 생각하면 온 몸에 소름이 끼친다"고 말했다. 그는 눈이 너무나 완벽해서 이런 구조물이 즉흥적이고 자의적인 돌연변이에 의해 생겨났을 가능성은 없다고 생각한 나머지 자신의 진화론을 의심하기까지 했다. 하지만 오늘날의 관점은 다윈을 안심시킬 수 있을 것 같다. 인간의 눈 역시 고된 진화 과정에서 시행착오를 거듭하며 만들어졌고, 결코 완벽하지도 않기 때문이다.

우리의 망막은 배아기에 중추신경조직이 발달하는 과정에서 거꾸로 형성되었다. 이때 애당초 머리 안쪽에 자리 잡았던 시세포는 바깥쪽 주변부로 이동하지만 망막은 그대로 망막색소상피retinal pigment epithel, RPE아래에 머문다. 그렇기 때문에 빛이 각막과 수정체를 통해 들어온 다음에도 시각세포에 도착하기까지는 다양한 신경과 혈류를 거쳐야만 한다. 이런 복잡한 과정이 시력에 별로 도움이 되지 않으리라는 점은 쉽게 짐작할 수 있다. 이에 비하면 차라리 갯지렁이의 눈이 더 우수하다. 갯지렁이에게서 빛은 직접 시세포가 있는 영역에 닿기 때문이다. 가끔은 원시동물이 더 유리할 때도 있는 법이다.

거꾸로 뒤집힌 망막의 구조는 또 다른 문제를 안고 있다. 시세포는 우리 몸 쪽을 향하고 있지만 거기서 나온 신경들은 태양이 비추는 바깥쪽을 향하고 있기 때문이다. 시신경들은 어떤 식으로든 뇌와 접촉해야 하는데 태양의 편에 자리 잡은 탓에 신경섬유의 다발을 이루어 망막을 뚫고 지나가야만 한다. 이렇게 신경섬유 다발이 뚫고 지나간 자리에는 당연히 시세포가 없다. 그래서 망막에는 아무것도 볼 수 없는 소위 맹점이 생기는데, 다행히 이 결점은 뇌에 의해 보정되어 우리는 전혀 이런 결함을 느끼지 못한다.

인간의 눈은 비교적 많은 수의 색을 볼 수 있다. 빨강, 파랑, 녹색을 지각하기 때문에 이를 기본으로 한 여러 가지 조합의 색들을 구별할 수 있다. 반면 쥐와 개는 빨간색을 볼 수 없고 고래와 물개는 하필이면 생활환경의 주된 색상인 청색을 보지 못한다.

인간은 다양한 색을 구별할 수 있지만 시력이 쉽게 고장 난다. 우리는 망막의 불과 0.02퍼센트 밖에 되지 않는 황반macula을 이용하여 물체를 인식한다. 눈 근육은 1초의 몇 분의 1도 안 되는 빠른 속도로 쉴 새 없이 운동을 계속한다. 이를 통해 눈으로 본 대상의 서로 다른 부분들을 계속해서 황반으로 보냄으로써 또렷한 전체 상이 맺히게 해준다. 이는 눈과 뇌에게 말할 수 없이 고된 작업이다. 망막의 나머지 영역은 어둠과 밝음을 구별하는 것으로 만족한다. 그 크기가 불과 5밀리미터밖에 되지 않고 극도로 예민하기까지 한 미세한 영역에서 이런 일들을 전적으로 담당하다 보니 황반에 쉽게 탈이 나는 것은 어쩌면 당연하다. 황반의 붕괴, 즉 황반변성macular degenration은 노인들이 시력을 잃게 되는 가장 빈번한 원인이다. 전문가들은 황반변성을 통해 시력을 잃은 노인이 독일에만 적어도 2만 명에 이를 것으로 추정한다.

게다가 55세부터는 누구에게나 노안이 찾아온다. 또 유럽인은 네 명에 한 명 꼴로 안구의 길이가 너무 길거나 수정체의 굴절력이 너무 세서 발생하는 근시를 갖고 있다. 하지만 이렇게 근시를 얻은 사람들은 그 대신 높은 지능에서 위로를 받을 수 있을 것 같다. 1990년대 말에 미국의 심리학자 아서 젠슨Arthur Jensen은 근시를 가진 사람들의 IQ가 그렇지 않은 사람들에 비해 최고 8점까지 높다는 사실을 발견했다. 그 이유에 대해 젠슨은 IQ와 근시의 원인이 되는 유전자가 유사하기 때문일 것으로 추측했다.

근시의 예는 우리 인간이 비교적 유전적인 성숙도가 떨어진다는 걸 말해 준다. 성숙도 면에서 인간은 약 6백만 년 전에 우리와 갈라진 침팬지보다도 못하다. 미시간 대학의 진화생물학자들은 인간과 침팬지에 공통된 14,000개의 유전자를 비교해 보았는데, 침팬지의 경우 지속적인 선택의 압박을 통해 233개에 이르는 유전자가 더 이상 그 어떤 돌연변이도 개선시킬 수 없을 만큼 완벽한 형태로 발달했음을 확인했다. 반면에 인간은 이런 유전자의 수가 154개에 그쳤다. 즉 침팬지들이 진화 과정을 통해 인간보다 훨씬 많은 수의 불리한 특징들을 걸러냈다는 것이다. 생물학자들은 이를 "멘델식으로 걸러졌다"고 말한다. 불리한 유전자가 걸러지는 현상은 1세대 유전학자인 그레고르 요한 멘델의 유전법칙에 의해 처음으로 설명되었기 때문이다.

원숭이의 유전적 우월성은 이들에게 나타나는 질병의 가짓수가 인간에 비해 훨씬 적은 이유도 설명해 줄 수 있을지 모른다. 인간은 다섯 명 중 한 사람이 암으로 사망하는데 침팬지의 경우는 그 비율이 불과 2~4퍼센트밖에 되지 않는다. 또 에이즈는 어떠한가? 원숭이는 인간과 똑같이 에이즈 균에 감염되지만 병에 걸리지는 않는다. 이들의 면역 체계는 이미 악성 미생물에 대처하는 방법을 터득한 것 같다. 알츠하이머, 말라리아, 류머티즘처럼 인간에게 매우 흔한 질병들도 원숭이에게서는 나타나지 않는다.

우리가 특히 관절 계통 질병에 쉽게 걸리는 이유는 직립보행과 관계가 있다. 직립보행은 우리에게 수많은 이점을 가져다주었다. 뇌와 감각기관들을 땅바닥의 '냄새 흔적'으로부터 해방시켰고 더 나은 시야각을 확보해 주었다. 그리고 두 손을 자유롭게 만들어 주었다. 이는 대단히 중요한 사실이다. 자유로운 두 손으로 사물을 직접 만지며 느낄 수 있었고, 이로써 세상을 좀 더 세밀히 '파악'할 수 있게 되었기 때문이다. 하지만 이로 인한 부작용의 목록도 만만치 않다.

　두 발로 서서 걷는 방식은 속도가 느리며 에너지가 많이 소모되고 불안정하다. 인간과 신체 크기가 비슷한 다른 네발 동물들은 모두 인간보다 빠르고 지구력이 강하다. 그리고 아주 큰 힘을 가하거나 사악한 술수를 부리지 않는 한 쉽사리 몸의 균형을 무너뜨릴 수 없다. 반면에 수직으로 서 있는 인간은 조금 세게 밀기만 해도 쉽게 넘어진다.

　수직으로 서 있는 신체는 혈액의 분배에도 문제를 일으킨다. 누구나 한번쯤은 갑자기 일어서면서 현기증을 느낀 적이 있을 것이다. 일어나는 순간에 혈액이 뇌에 충분한 산소를 공급하지 못해서 생기는 현상이다. 이런 일은 수평 상태를 유지하는 다른 포유류에게는 거의 나타나지 않는다. 물론 이 법칙에는 기린이라는 별난 예외가 있기는 하다. 기린은 긴 목 때문에 이따금 순환계의 문제를 겪고 어지럼증도 느낀다. 하지만 기린에 대해서는 이미 앞에서 다루었으므로 여기서는 그만 줄이겠다.

　인간의 폐도 완벽함과는 거리가 멀다. 인간 호흡기관의 문제는 제 기능을 온전히 발휘하지 못한다는 점이다. 폐 안으로 유입된 공기는 가스교환을 위해 잠시 머무르다가 다시 밖으로 배출된다. 그런데 이미 사용된 공기는 완전히 밖으로 배출되지 못하고 기도에서 새 공기와 만난다. 다시 말해서 산소가 풍부한 공기와 산소가 부족한 공기가 뒤섞이는 것이다. 그 결과 우리의 폐포들은 항상 새 것과 헌 것이 뒤섞인 공기로 만족해야 한다. 그나마 다른 포유류들도 같은 문제를 지니고 있다는 게 위안이라면 위안이다. 하지만 조류는 발달된 환풍시스템을 이용하여 산소가 풍부히 함유된 공기를 훨씬 효율적으로 받아들일 수 있다. 몸집이 비슷한 포유류와 비교하여 조류는 같은 시간에 세 배나 더 많은 신선한 공기를 들이마신다.

인간이 지닌 결함은 일일이 나열하자면 끝이 없을 정도다. 왜 우리는 치아 때문에 그토록 고생을 해야만 하는가? 인간의 치아 한가운데에는 고통을 인지하기 위한 목적으로 극도로 예민한 신경이 위치해 있다. 게다가 치아는 부드럽고 예민한 법랑질로 되어 있기 때문에 사탕만 먹어도 쉽게 썩을 수 있다. 또 통증은 도대체 왜 느끼는 걸까? 물론 통증은 우리가 자신에게 해를 입히지 않도록 지켜주고 질병에 걸렸을 때 몸을 아끼도록 만드는 등 긍정적인 측면도 있다. 하지만 암환자의 엄청난 고통은 아무에게도 쓸모가 없으며 요통도 아무런 의미가 없다. 이는 현대 의학이 요통환자들에게 최대한 근육을 이완시키고 척추 부위의 혈액순환을 유지하기 위해 가능한 많이 움직이도록 권하는 것만 보아도 충분히 알 수 있다.

인간도 벌거숭이두더지쥐처럼 고통을 전혀 느끼지 않을 수는 없을까? 벌거숭이두더지쥐는 맨살을 햇볕에 태워도, 땅을 파다가 이가 부러져도 아무런 고통도 느끼지 못한다. 그럼에도 불구하고 살아가는 데 별다른 지장이 없다. 왜 진화는 벌거숭이두더지쥐의 이런 능력을 단 일부만이라도 인간에게 허락하지 않았을까?

반면에 우리가 늘 무의미하다고 여겼던 한 신체기관이 사실은 충분히 존재할 이유가 있다는 사실도 밝혀졌다. 노스캐롤라이나 듀크 대학의 과학자들은 맹장이 심각한 설사까지도 이겨낼 수 있도록 해주는 중요한 장박테리아들의 저장고라는 사실을 발견했다. 우리의 장내에 있는 균총gut flora은 설사를 심하게 하거나 항생제 치료를 받을 경우 그 후유증으로 약해질 수 있는데 이럴 때 맹장에 저장된 장박테리아들의 도움으로 신속하게 원래 상태로 회복할 수 있다. 이로써 맹장은 더 이상 문제만 일으키는 구시대의 유물이 아니라 우리의 장내 균총을 위해 조용히 생균을 비축해 놓는 중요한 기관임이 드러났다.

식품산업계에는 이것이 나쁜 소식일지 모른다. 맹장을 떼어 내지 않은 사람은 슈퍼마켓에서 따로 유산균제품을 구매할 필요가 없을 테니 말이다. 맹장의 예는 우리에게 어떤 기관이나 행동방식의 의미 혹은 무의미를 성급하고 단정적으로 판단하지 말라고 경고한다. 우리에게 무의미하고 불필요하고 이상해 보이는 것이 좀 더 자세히 들여다보면 생존경쟁을 위한 결정적인 카드가 될 수도 있다. 자연의 설계도에 나타난 온갖 실수와 사고들을 보면서 웃음을 짓더라도 이 사실만큼은 잊지 말아야 한다. 우리의 판단도 자연의 실수와 마찬가지로 오류일 수 있기 때문이다. 일찍이 이를 간파한 임마누엘 칸트는 이렇게 말했다.

실수는 단지 어떤 것을 모르기 때문에 발생하는 게 아니라 판단에 필요한 모든 것을 알지도 못하는 상태에서 판단을 감행하기 때문에 발생한다.